阅读成就思想……

Read to Achieve

用孩子喜欢的方式

跟孩子谈钱

钱瞻◎著　　　云何视觉◎绘图

李一诺　姚茂敦　尤力辉◎执笔

中国人民大学出版社

· 北京 ·

图书在版编目（CIP）数据

用孩子喜欢的方式跟孩子谈钱 / 钱瞻著 ；云何视觉绘图. -- 北京 ：中国人民大学出版社，2022.8
ISBN 978-7-300-30800-5

Ⅰ. ①用… Ⅱ. ①钱… ②云… Ⅲ. ①财务管理—青少年读物 Ⅳ. ①TS976.15-49

中国版本图书馆CIP数据核字(2022)第121876号

用孩子喜欢的方式跟孩子谈钱
钱 瞻 著
云何视觉 绘图
李一诺 姚茂敦 尤力辉 执笔
Yong Haizi Xihuan de Fangshi gen Haizi Tanqian

出版发行 中国人民大学出版社
社 址 北京中关村大街 31 号 邮政编码 100080
电 话 010-62511242（总编室） 010-62511770（质管部）
010-82501766（邮购部） 010-62514148（门市部）
010-62515195（发行公司） 010-62515275（盗版举报）
网 址 http://www.crup.com.cn
经 销 新华书店
印 刷 天津中印联印务有限公司
规 格 148mm×210mm 32 开本 版 次 2022 年 8 月第 1 版
印 张 5.875 插页 1 印 次 2022 年 8 月第 1 次印刷
字 数 85 000 定 价 59.00 元

版权所有 侵权必究 印装差错 负责调换

前言

爱孩子，从和他正确谈钱开始

中国有句谚语：“三岁看大，七岁看老。”

也就是说，从孩子三岁的心理特点、个性倾向等，大概能看到其青少年时期的心理与个性雏形；从孩子七岁时的心理特点、个性倾向等，大概能预估到其成人之后的成就和生活。因此，对父母来说，从小注重对孩子的培养尤为重要。

随着社会的快速发展，对个人的综合素质要求越来越高。为了让孩子更好地适应社会，拥有更加美好的未来，父母总是想方设法地让孩子学习各种知识，锻炼各种能力，以期望孩子能成龙成凤。父母爱子之心，日月可鉴。

由此，很多父母对孩子的关注便陷入了这样的局限：作业做完了吗？考试得了多少分？学习成绩排名靠前吗？

孩子比赛得奖了吗……如果父母只关注孩子的学习成绩，就可能会忽略了与之同样重要的财商的培养。

财商展现的是一个人在金融财富方面的智慧。如果一个人拥有较强的驾驭金钱的能力，那么不仅能帮助他做好理财规划，创造更多的财富，还能帮助他用好手中的财富，为社会做更多的贡献。可以说，在当今社会，学会赚取财富并利用好财富，让财富带来最大的效益，是让一个人立足社会的必备技能。此外，在信息大爆炸的今天，孩子的生活与钱息息相关。例如，看到好玩的玩具、充满创意的文具、好吃的零食等，孩子们都渴望拥有，这就会不可避免地与金钱打交道。父母要在这个过程中教会孩子如何看待财富、学会取舍，从而帮助孩子树立正确的金钱观、消费观。这对孩子健康成长来说是必要且重要的。

有不少父母认为，孩子还小，现在还没必要和孩子谈钱，否则等他们长大了就会变得很功利，甚至可能成为一个守财奴。然而，事实真的会如此吗？面对信息纷繁的世界，如果孩子没能从父母那里获得正确的理财信息、金钱观念、财富认知等，那么他还是会通过电视、手机、互联网等渠道了解很多信息但又无人帮助他把关，这甚至可能会导致有的孩子认为赌博、骗人等都是赚钱的途径。可想而知，一旦孩子有了这样不正确的金钱观、财富观后，父母会多么痛心。因此，如果父母能早早地帮助孩子树立正确的财富观，培养孩子正确的理财意识，就能为孩子未来的人生之路打下牢固的基石。

本书分为六章，内容由浅入深、循序渐进，从钱是什么到理财的魅力，教会孩子认识、了解多种理财方式；再到孩子如何赚钱、用钱，教会孩子通过劳动科学赚钱、合理用钱；最后根据常见日常生活场景，列举了孩子常会遇到的消费陷阱，从而培养孩子正确的消费观念。

孩子是我们的未来。引导和帮助孩子拥有正确的财富观念，不仅能让孩子拥有幸福的人生，还能让他们拥有更大的格局，成为一个对社会真正有用的人。

人物介绍

知识渊博，善于理财，并将理财知识融入生动有趣的故事中，培养孩子的理财思维。

温柔善良，是爸爸教育方式的支持者，希望孩子们树立正确的金钱观。

活泼开朗，爱动脑筋，讲义气，喜欢帮助别人，偶尔淘气，在爸爸的影响下立志要当小理财师。

聪明可爱，天真烂漫，对新知识很感兴趣。

目录

1 钱是什么

2 理财的魅力

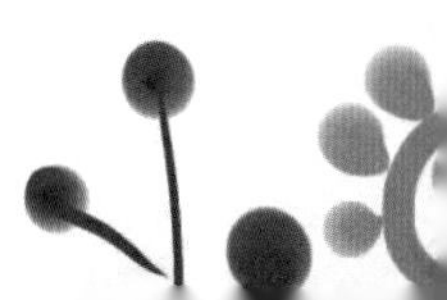

3 千万不要金钱至上

4 如何正确地赚钱

5 科学用钱才是长久之计

6 远离消费陷阱

附录

1

钱是什么

钱是怎么产生的

星期六的早上，兄妹俩开心地玩起了大富翁游戏，爸爸在一旁微笑地看着。

一局结束，爸爸拉着他们坐在沙发上，打算趁此机会跟他们谈谈钱。

“你们来说说，钱有什么用？”爸爸问道。

妹妹喊：“买东西！”

哥哥也跟着妹妹喊：“交话费！”

“说的都对！那你们知道钱是怎样产生的吗？在钱没有出现的时候，人们是怎么买东西的呢？”

兄妹俩面面相觑，瞬间哑口无言。

爸爸笑了笑，娓娓道来：“在很久很久以前，钱还没有

出现。人们要想买自己需要的东西，就得用价值差不多的东西去和别人交换。比如，用两只羊换一头牛，用一条鱼换一件衣服等。”

哥哥说：“我平时也经常和妹妹交换玩具，和这好像啊！”

“对，这也是一种交换。古人在交换的过程中，发现有的东西因为太大、太重了而没办法携带，但是又要交换，这可怎么办呢？于是，他们只好用某些东西来代替，比如贝壳等。最早的一批货币就

这样出现了。”

“哇，那海边的人家肯定会有很多钱，因为之前我们去海边，我和哥哥捡了好多贝壳！”妹妹满眼都是羡慕。

爸爸笑着摸了摸妹妹的头，继续说：“后来，人们发现了更完美的替代品——金属，且以黄金和白银为主，这类贵金属很早就确立了货币的地位，直到现在，它们仍然可以作为货币使用。”

妹妹很喜欢贝壳，所以她有点为贝壳鸣不平，问道：“为什么选它们呀？我觉得贝壳也很好看呀！”

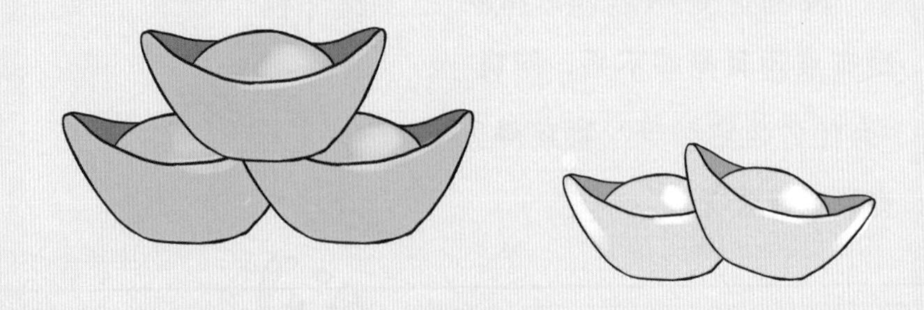

“这是因为黄金和白银性质稳定，简单说就是它们不容易坏。贝壳很容易破碎，铁容易生锈，但黄金是不生锈的，可以一直保存。”

兄妹俩恍然大悟，才知道古时候人们选择货币时还有这么多讲究。

爸爸继续说道：“有了货币，人们要买卖东西就方便多了，只需要携带一些货币就可以进行商品的买卖。可以说，货币的产生使人类社会飞速进步，对人类社会发展意义重大。随着人类社会技术的不断进步，以及携带大量货币出行带来的不便，人们发明了钱庄、银行、ATM 机，以及现在的网络银行、支付宝、微信支付等电子钱包，让人们随时随地就可以支付，非常方便。”

爸爸有话说

最早人们是用一件东西和另外一件东西进行物物交换，后来有了货币（钱），人们就不需要再带着那么多东西去和别人进行物物交换了，这大大方便了人们的生活。小朋友们，你们也和别人进行过物物交换吗？如果是大件的东西，相对来说就会很不方便吧？

有关钱币演变的小知识

钱币必须由国家专门的机构进行印制，其他任何单位和个人都不能私自印制，否则就是违法行为。

钱币在漫长的演化进程中，不但材质由重变轻，外形也不断发生着变化。

比如，很早以前，人们用牲畜、兽皮类等进行物物交换。后来，人们用丝绸、农具、贝壳等充当实物货币。由于它们不易携带，人们又用金、银、铜等贵金属当作货币。随着时间的推移，人们又发明了更加方便携带的纸币。在科学技术十分发达的今天，人们更是用上了网络银行、支付宝、微信支付等电子钱包。

每个国家都有自己的货币

今天，爸爸想进一步帮助兄妹俩了解关于钱的知识，于是拿着一张 10 美元对他们说：“我们来认识一下各个国家不同的货币。”

“每个国家都有自己的货币吗？”妹妹问，她一直以为

全世界使用的都是人民币。

“当然了，货币的背后是一个国家的信用。每个国家都有自己的货币。”

哥哥问爸爸：“之前我们去泰国玩，他们收的是人民币吗？”

“那时候我们用的是泰铢呀！泰铢是泰国的货币。在出发前，我和妈妈特地去银行兑换了泰铢。”

“啊？货币还可以去银行兑换吗？”

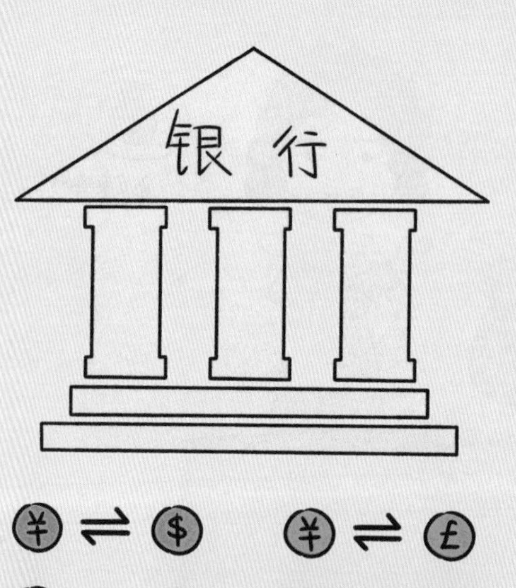

“当然了，各个国家的货币都是可以进行兑换的，要不然那些出国的人怎么办？不同国家的货币之间的汇率不同。”

“什么是汇率？”哥哥问。

爸爸解释说：“汇率就是一种货币和另一种货币的比值。兑换货币时需要计算汇率，比如 1 美元大概可以兑换 6 ~ 7 元人民币。”

“哇，美元这么值钱呀？”兄妹俩不由得感叹道。

“其实，在兑换的过程中，如果不计算手续费等，货币的价值是没有变化的，能买的东西的价值差别也不大。”

爸爸扬了扬手中的纸币，问兄妹俩：“你们知道这是哪个国家的货币吗？”

“美国！”哥哥猜道。

“答对了！这张美元奖励给你。”爸爸笑着说。

接着，爸爸继续讲解道：“货币的汇率也会因为各种情况而发生变化。几年前，1 美元大概能兑换 6.8 元人民币，如果人民币贬值，1 美元可能就能兑换 7 元人民币了。外汇交易就是基于这个基础而产生的，人们通过购买不同的货币来获取货币贬值或升值的收

益，这也是一种常见的投资理财方式。”

爸爸有话说

我们国家的货币并不是在全世界范围都能通用的，有时需要兑换成相应的货币才能够在某些国家使用。基本上每个国家都有各自的货币，其中国际上最通用的一类货币是美元，很多国际上的商业往来都以美元计价，因此美国的经济政策对世界影响很大。

有关汇率的小知识

常见的几种货币与人民币的汇率关系（以最新汇率为准，以下为2021年初的数据，供参考）。

1美元≈6.4元人民币

1欧元≈7.7元人民币

1英镑≈9元人民币

1日元≈0.058元人民币

1港元≈0.83元人民币

如何辨识人民币的真伪

之前见了其他国家的钱币，今天爸爸想给兄妹俩讲讲人民币的故事。他拿着一张红色的100元对他们说："今天教你们学习辨别人民币真伪的知识，我还会给你们来一个有奖问答，谁要是答得多、答得好，这100元钱就奖励给谁。"

"好！"兄妹俩都表现得很积极。

爸爸开始介绍："这一张是2015年印制的钞票，我们从左向右看。首先，我们来把这张钱对着有亮光的地方，

你们看到了什么？”

“毛主席的头像！”哥哥抢先回答道。

“对，这个叫水印。印的是毛主席的头像。从表面上，我们并不能看到印着的水印，但对着光就可以。”

哥哥听完爸爸的话，跑进屋拿了一张他之前自己打印的 20 元“钱”。

妹妹对着光，举起这张“钱”看了看，说：“哥哥制造的这张‘钱’就没有水印！”

“对，所以哥哥打印的‘钱’是假的，不能拿出去花。”爸爸摸着妹妹的头对她说。

爸爸继续介绍：“除了毛主席的头像，这下面还有一个‘100’的数字水印，看到了吗？”

“嗯！”兄妹俩异口同声地答道。

“100 水印的左边，还有几个小斑点，你们注意到了吗？”

哥哥继续抢答道：“我知道，这个刚才透过光看，和背面的斑点合在一起就是‘100’！”哥哥已经领先两道题，一副胜券在握的样子。

“这中间用汉字写着‘壹佰圆’，这是以前中文记录数字的汉字。这上面有一个数字100，如果我们从不同的角度去看它，这个100就会呈现出不同的颜色。”爸爸拿着这张100元慢慢调整角度，那100的图案的颜色果然发生了变化。

“这是变色油墨。还记得咱们之前一起看的电影《无双》吗？那里面讲过，这是印刷钱币的重要材料之一。”

“我记得！”哥哥说。

“我们继续观察，这张钱的中间还有一根黑色的暗线，线上用很小的字写着‘100’。”说着，爸爸把钱递给兄妹俩看。

哥哥对着光仔细一看，发现的确有一根黑色的线，上面有很小的数字，写着“100”。不禁说道：“人民币上竟

然有这么多有意思的小细节！”

“在右边，还有一根比较粗的金线，上面同样有字，写着‘100’。在右下角还用盲文写着‘100’，用手可以摸出来有凹凸感。”

哥哥伸手摸了摸，惊喜地说道：“真的能感觉到有凹凸感，而且毛主席的头像也有纹路感。爸爸，难道毛主席的头像在这里也有特殊效果吗？”

“没错！毛主席的头像这里同样也是非常特别的，用手能够摸出来有纹路。还有，每一张纸币都有一个独一无二的编号，编号位于纸币的左边和右边。”

两个小家伙拿着钱又研究了一会儿。爸爸说：“纸币的制作非常复杂，现在大家很多时候都用网上支付，纸币用得少了。在爸

爸小时候，大家可是都用纸币的，偶尔就会收到假币。那时候农民伯伯收到一张假币，可能一天的收入就都没有了。你们要学会辨别纸币的真伪，一旦发现就要向警察叔叔报告，更不能使用假币。”

“怎么辨别假币呢？”哥哥问。

“钱币上面有很多防伪标志，我们可以借助这些防伪标志来帮助我们辨别钱币的真伪。比如，看水印、安全线，或是通过触摸纸币上的盲文和纹路等来辨别。当然，也可以借助一些简单的工具或验钞机来辨认。比如，可以用放大镜来观察人民币上面的线条清晰度，以及胶、凹印缩微文字等。现在明白了吗？”

“明白了！”兄妹俩回答道。

“那么，今天的有奖问答就结束了，获胜的是哥哥，恭喜哥哥！”

爸爸有话说

自货币诞生以来，假币也随之出现。对于老百姓而言，假币会让他们的辛苦白费，不仅影响心情还可能会降低生活质量；对于国家而言，一旦假币泛滥就会侵占国民财富，干扰正常的国家货币流通秩序，破坏整个社会的信用，导致国家经济不稳定，甚至会引发严重的经济危机和社会危机。

因此，国家制定了相关的法律法规来维护货币的正常流通秩序，坚决打击制作假币、贩卖假币的违法犯罪活动。1994 年，我国成立了国务院反假货币工作联席会议，领导全国反假币斗争。自 1996 年起，我国每年都会在全国范围内开展“反假币宣传周”活动。

希望你在了解假币给人们的生活带来的严重危害后，在平常的细小点滴中维护人民币的尊严，保证人民币正常流通。

有关人民币防伪的小知识

1. 水印是怎么来的

水印是人民币的重要组成部分，也是人民币的主要防伪措施之一。水印是纸张在生产过程中，通过改变纸浆纤维密度而制成的，是“夹”在纸中而不是浮于纸的表面。对着光看时，我们可以清晰地看到人民币上的水印。

2. 小小安全线的大作用

人民币在制作过程中，会在纸张的特定位置埋入一条特制的金属线或塑料线，被称为“安全线”。第四套人民币首次应用了安全线技术。此后，安全线便成了人民币的主要防伪措施之一。

以 100 元纸币为例，如果从不同的角度看安全线，就会发现它呈现出了不同的颜色。对着光看时，我们还会发现安全线中正反交替排列的镂空文字——100。

3. 触摸纸币有学问

在辨别人民币真伪的方法中，最直接的辨认方法便是借助手指反复触摸纸币的感觉。因为人民币是用特有纸张制成的，并且“元”以上的人民币均采用了凹印技术，所以人民币纸质坚挺有韧性，纸币上的图景、国徽、盲文等有明显的凹凸之感；相反，假币则纸张质地松软、平滑而无弹性。

小猪存钱罐

哥哥最近总喜欢花钱——今天买个冰激凌，明天买块好看的橡皮，总觉得爸爸妈妈给他的零花钱不够花。为了帮助哥哥改掉这个毛病，爸爸送了他一个蓝色的小猪存钱罐。爸爸说："有了它，你就可以把零花钱存进去了。"

哥哥不明白地问："为什么要把钱放进存钱罐里呢？我现在都觉得零花钱不够花呢。"

"这样做，可以帮助你培养储蓄意识。还有，你不是特别希望买一个大变形金刚吗？与其总是缠着我和妈妈给你买，为什么不自己存钱买呢？"

哥哥觉得有点希望渺茫，沮丧地说："可是，那个变形金刚要500元钱呢！好贵啊！我什么时候才能攒够啊？"

爸爸摸摸哥哥的头，鼓励他说："变形金刚500元钱让你觉得很贵，但我给你算算账。假如你每天存10元钱，那么不到两个月，你就可以用自己存的钱买下心仪已久的玩具了，是不是并不难？"

经过爸爸这样一算，这件事立刻显得不那么困难了。哥哥觉得买变形金刚似乎有希望了！

"儿子，爸爸希望你懂得积少成多的道理。你现在能够通过收集矿泉水瓶、易拉罐等，卖了换取零花钱。我和妈妈也会定期给你零花钱，如果你每天存一点钱，过一段时间后，你就能获得一大笔钱了。"

“嗯，我要把钱存起来，去买那个大变形金刚！”

“其实，这个道理对于学习来说也是同样有用的。如果你每天背五个单词，长期坚持下去，你一年就能背下来一千多个单词了。这样一想，英语是不是就没有那么难了？”

哥哥瞪大了眼睛看着爸爸，说：“好像真的是这样呢！爸爸，我现在就去背单词！”

“别忘了你的小猪存钱罐！”

你也有存钱罐吗？像哥哥这样，每天坚持存下来一点钱，过一段时间后，你就可以存下一大笔钱了，你可以用这些

钱去购买自己心仪又觉得贵而舍不得买的玩具。把同样的方法用到学习上，你也能不断地取得进步呢！

存钱的好处

1. 存钱让你可以购买价格更高的物品。

2. 从小开始储蓄，能够培养你的储蓄意识。

3. 存钱能够帮助你培养延迟满足的观念，对以后的学习和成长有很大的帮助。

4. 存钱能够让你明白积少成多的道理，帮助你更好地学习进步。

储蓄：大钱能生小钱

几个月后，哥哥的小猪存钱罐已经存下将近 500 元钱了，足够买变形金刚了，但他现在却又不想买那个玩具了。哥哥望着存钱罐发呆，自言自语道："小猪啊小猪，你告诉我，你肚子里的钱应该怎么用呢？"

爸爸刚好从哥哥的房间门前经过，听到了他的话，问他："你存了多少钱了？"

"好像快要到500元钱了。"

"那你打算怎么用这笔钱呢？还打算买变形金刚吗？"

"我暂时还没想好，但是我已经不想买变形金刚了。"

"你要不要试试把钱存进银行，让银行帮你保管这部分钱呢？"

哥哥不明白地问爸爸："为什么要把钱存进银行呢？"

"钱在银行可是能生'小宝宝'的哦！"

"真的吗？钱也能像小狗那样生小狗宝宝吗？"哥哥有点不相信。

爸爸看着哥哥一脸不相信的样子，解释说："当然不

是我们平时看到的那种生小宝宝，而是可以从银行获得利息。”

“什么是利息？”哥哥头一次听说这个词。

“你把钱存入银行一段时间之后，到你取钱的时候，银行除了把你存的钱还给你之外，还会多支付给你一部分钱，这部分钱就是利息。”

“银行可真好啊！可是银行为什么要给我钱呢？它帮我保管钱，应该是我给它保管费才对呀！银行好奇怪，为什么要做这种亏本买卖呢？”

“这个问题比较复杂，稍后我再慢慢给你解释。总而言之，把钱存进银行，银行就会支付给你一部分利息。”

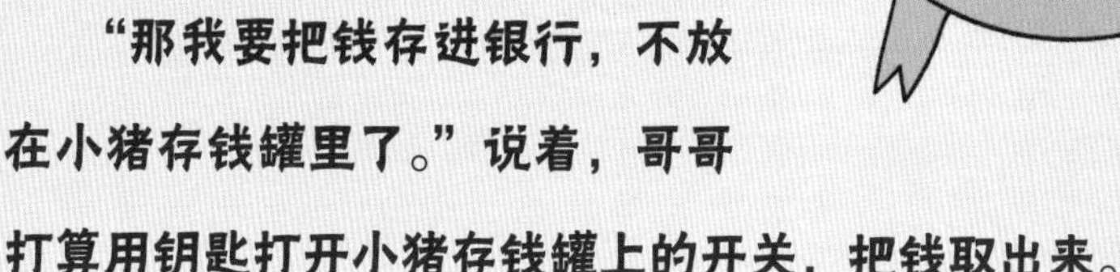

“那我要把钱存进银行，不放在小猪存钱罐里了。”说着，哥哥打算用钥匙打开小猪存钱罐上的开关，把钱取出来。

爸爸笑着说：“不急！以后你可以继续把钱放进去，等到攒够一定的数额之后，我再找个时间陪你去银行存起来就可以了。”

哥哥开心地说：“太好了！爸爸，要是我把钱存进银行，那么我能得到多少利息啊？”

“一般情况下，存的钱越多，能够得到的利息也就越多。以500元钱为例，在银行存一年，大概能得到10元钱的利息。”

听到能免费拿到这么多钱，哥哥有点迫不及待地对爸爸说：“爸爸，我要再接再厉，存更多的钱，然后把这些钱存进银行，获得利息！”

爸爸有话说

父母日常给的零花钱，以及逢年过节亲戚给的压岁钱，每年加起来对孩子来说也算是一笔“巨款”了，应该学会合理、科学、妥善地支配。因此，你要在爸爸妈妈的帮助下养成良好的储蓄习惯，学会管理自己的钱。

等你攒够一定数量的钱后，可以像哥哥一样把钱存进银行。等过一段时间后还可以收到银行给你的利息呢！

银行储蓄的好处

1. 把钱存进银行可以培养我们的储蓄意识。

2. 把钱存进银行可以拿到利息，与存进存钱罐相比，我们能够得到额外的收入。

3. 在去银行储蓄时，我们还可以接触到一些基础的理财工具，能够培养我们的理财能力，这是一个非常重要的能力。

“自首”的小女孩

下午，爸爸把哥哥叫进书房，给哥哥看了一则新闻。

一名九岁的小女孩被爸爸带到派出所“自首”。

警察叔叔问小女孩做错了什么事，小女孩说：“因为我用爸爸的手机给游戏充了钱。”

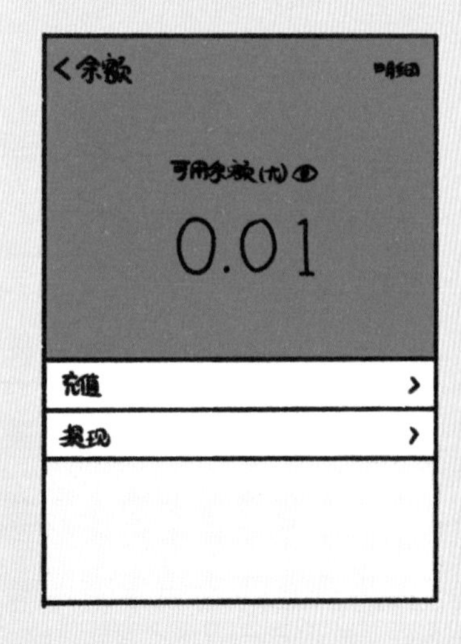

看到这里，爸爸对哥哥感叹道：“现如今，钱的形式不再单一固定，尤其是支付宝、微信等线上支付渠道的流行，现实生活中见到实体货币的机会少之又少，导致现在有些孩子的金钱观念淡薄，以为钱只是个数字，花钱时没有任何犹豫。儿子，你要知道，通过第三方支付消费，虽然看起来没有付出纸币，而只是相关软件上的数字发生了变化，但最终花出去的仍是自己的钱。即使是通过花呗产生的消费金额，也只是让你提前预支消费，等还款日期一到就必须还款，否则就会影响你的信誉，这和使用信用卡消费的道理是相似的。”

哥哥点点头，说：“爸爸，我知道了。”

新闻视频中，警察问小女孩：“你一共充了多少钱？”

“2000 元钱。”

看到这里，哥哥惊呆了——自己靠收集矿泉水瓶、易拉罐等，过了很久才赚了 500 元钱。如果是 2000 元钱，那得收集多少矿泉水瓶、易拉罐啊？

警察叔叔问小女孩：“你给游戏充钱的时候，爸爸同意了吗？”

小女孩带着哭腔回答：“没有。”

“那你知道自己花了这么多钱吗？”

“不知道，我只知道只需要点几下，我就可以买我想用的道具和服饰了。我不知道自己花了这么多钱。”小女孩说着说着又哭了起来，还非常担心地问警察：“叔叔，我会坐牢吗？”

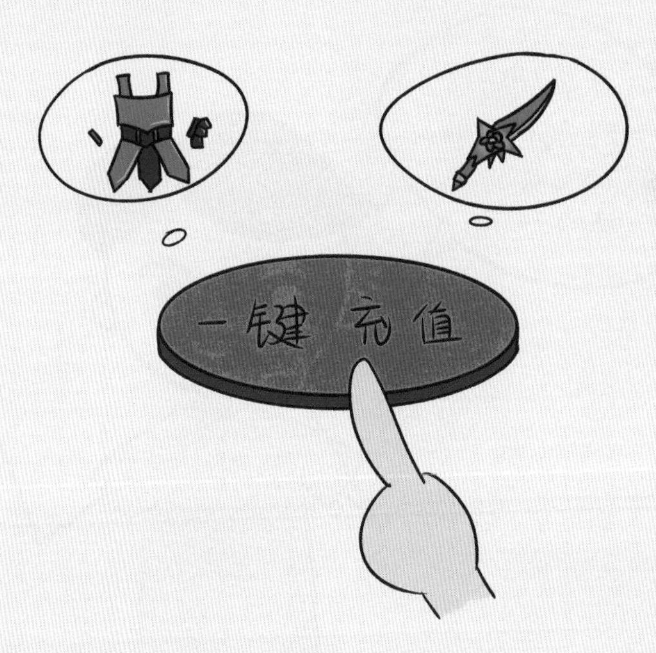

看到这里，爸爸问哥哥：“你知道小女孩做错了什么吗？”

哥哥想了想：“是不应该花这么多钱吗？”

“是她在没有获得父母允许的情况下就花掉了这么多钱。这是父母辛苦挣的钱，只有父母才有自由支配的权利。孩子能自由支配的，只能是孩子自己赚的钱。”

“爸爸说得对！”哥哥连连点头。

“那你觉得小女孩的父母有什么做得不对的地方吗？”

“啊？”哥哥没想到小女孩的父母也有做错的地方。

想了一会儿，他试探性地问："难道……是不该吓唬小女孩？"

"是他们没有像我一样帮助孩子树立正确的价值观念、学习理财知识。"说到这里，爸爸有点暗自得意。

"对，谢谢爸爸！"

爸爸有话说

你一定不能像新闻里的小女孩那样用爸爸妈妈的手机随便花钱。用钱之前，一定要询问爸爸妈妈是否同意。

随着时代的发展、科技的进步，货币的形式不断变化：从以前的贝壳到金属、纸币，再到现在的无实物手机转账，未来一定还会有我们目前无法想象的形式。不过，无论货币变成什么形式，都一定要记住"天下没有白吃的午餐"，只有劳动才能换来收获，而且就算有所收获也不能乱花钱。

还有，如果你的爸爸妈妈没有教你这些知识，那么你可以请求他们教你。如果他们没有足够的时间或是不擅长讲这方面的知识，那么你也可以请求他们多给你买一些关于经济学且适合你阅读的书。

电子支付与数字货币

1. 支付宝、微信支付这种第三方电子支付平台，本质上是买卖双方在商品交易过程中的中间平台。用户可以通过第三方电子支付平台实现购物、就医、餐饮、生活缴费等。

2. 数字货币是基于现有货币体系的货币数字化，与支付宝、微信提供的第三方转账存在本质上的区别。

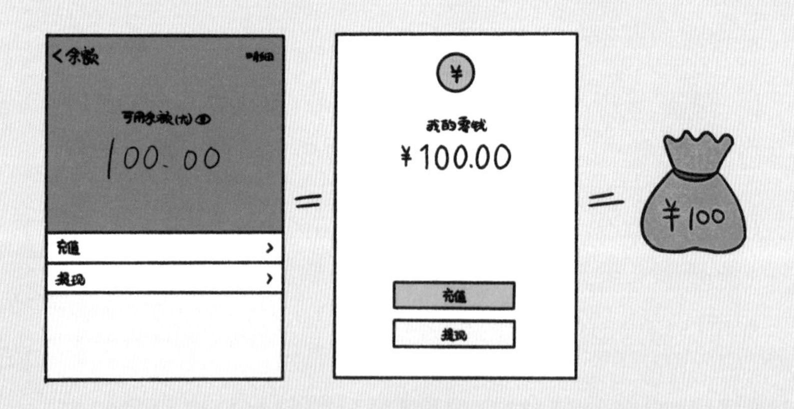

2

理财的魅力

趣说通货膨胀

“孩子们，快过来！每周一次的理财课堂开始啦！”周六一早，爸爸便笑着说。

“太好了！我们今天又能学习很多有趣的知识啦！”孩子们雀跃地跑过来，在沙发上坐好。

“今天，我们来讲通货膨胀。简单地说，通货膨胀就是固定金额的钱能够买到的东西变少了，也就是很多东西都涨价了。”

“我知道！前段时间妈妈一直在说猪肉涨价了，每千克大概 40 元钱，吃一顿红烧肉要花好多钱。”哥哥说。

“不太一样，近期的肉价上涨是猪肉紧缺导致的，不能算通货膨胀。”爸爸纠正了哥哥的错误。

“爸爸小时候，每千克猪肉的价格大概只是 10 元钱，菜的价格也比现在低很多，房价也没有现在这么高……那时候的一百元钱，和现在的五六百元钱差不多！”

“哇！”兄妹俩异口同声地喊了出来，没想到以前的钱比现在的钱更“值钱”。

“这就是通货膨胀的体现。国家一直存在着一定幅度的通货膨胀，这是正常现象。然而，如果通货膨胀太严重，就会对国家经济和社会发展造成很大的危害。”

“爸爸，我有点不太理解，能举个例子吗？”妹妹问。

油条价格的变化

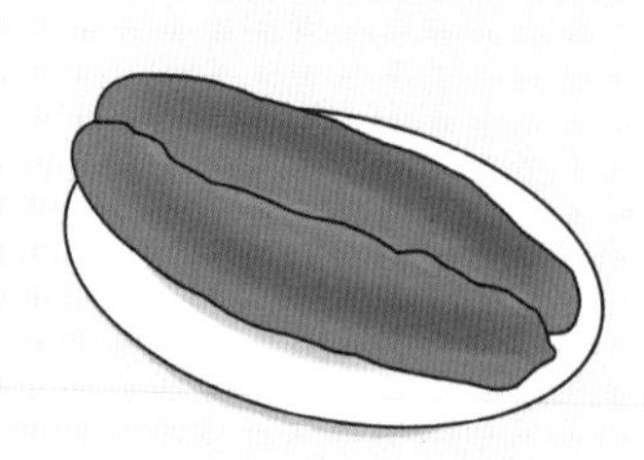

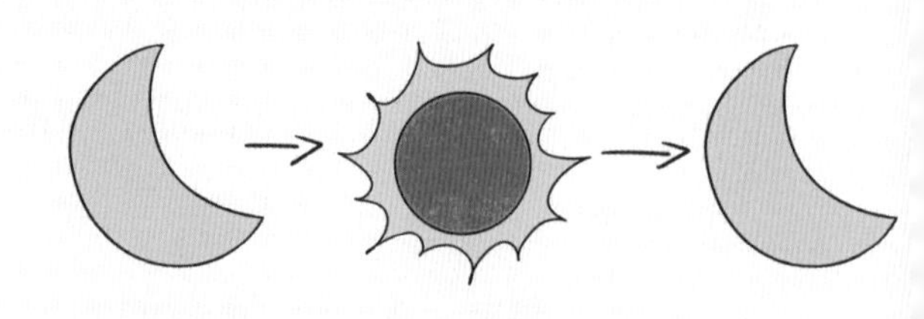

1元/根　100元/根　10 000元/

“如果通货膨胀很严重，那么一根油条的价格有可能在前一天晚上是1元，到了第二天早上就已经涨到了100元钱，到了晚上甚至是涨到10 000元了。这时，人们该怎么办呢？”

“我们应该多买点囤着！”妹妹说。

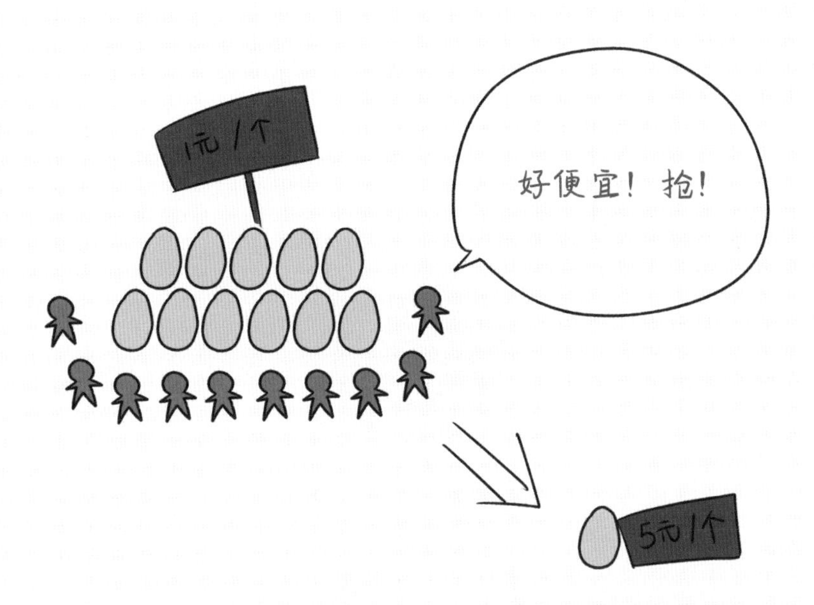

“很多人也会有这样的想法，但货物的产量有限，如果大家都争相囤货，就会导致人们想买的货物量远远多于市场售卖的货物量，这反而加剧了物价上涨，钱也就会变得越来越不值钱了。”

“天啊，这可怎么办啊？”哥哥有点害怕地问。

“对于严重的通货膨胀，最好是在刚有苗头时就采取措施，加息就是一种常用的措施。提高存款利息，会吸引更多的人把钱放进银行，从而减少了钱在社会上的流通，这样就能够在一定程度上抑制通货膨胀。另一种常用的措施是发展科技，从而提高生产力，缓解商品紧缺问题，这也

能在一定程度上防止严重的通货膨胀。”

看着孩子们一脸茫然，爸爸笑着说：“这个概念的确有点难理解，你们以后慢慢就会明白了。”

爸爸有话说

简单地说，通货膨胀就是钱变得不值钱了。在一定程度内的通货膨胀会对经济有促进性的作用，但是如果通货膨胀太严重，就会对社会造成严重的危害。

通货膨胀的成因

通货膨胀的成因有很多，主要成因有三种。

第一种成因是市场上的货币供应量过多，导致货币贬值、物价上涨，这也是最直接的成因。

第二种成因是商品（特别是一些大宗商品）成本上涨推动，带来相关产业链跟随涨价，从而可能带来通货膨胀。

第三种成因是市场上的需求增加，供给不足，从而刺激人们普遍“囤货”，引发通货膨胀。

钱不仅可以存进银行

周六，爸爸陪哥哥去了趟银行，把哥哥攒的钱存起来。

存完钱，哥哥再也抑制不住激动的心情，兴奋地问："爸爸，我现在是不是可以坐等收取利息了？"

看着蹦蹦跳跳、激动不已的哥哥，爸爸轻笑出声，说道："是的，我给你存的定期，等存款到期后，你就可以领取本金和利息了。"

"我是不是很快就可以变成'大富翁'了？"哥哥急迫地问爸爸，两眼放光。

爸爸轻轻敲了敲哥哥的头，回答道："就所有的投资理财方式而言，银行存款的风险很小，所以它的利息并不高。你离成为'大富翁'还远着呢！"

哥哥一脸迷茫，在心里犯嘀咕：钱不都是存在银行里的吗？怎么还可以放到其他地方？想到这里，哥哥忍不住问道："钱除了存进银行，还可以放在哪里？"

看着哥哥一脸求知若渴的样子，爸爸欣慰不已。他笑着告诉哥哥："钱除了可以存在银行里，还可以用来投资理财，比如将钱放进余额宝里。"

听爸爸如此说，哥哥觉得爸爸为自己打开了新世界的大门，他好奇地问："爸爸，什么是余额宝？它是银行的另一个名字吗？"

"不，余额宝不是银行，它是随着科技的进步和时代的发展而诞生的一种新的投资理财方式。并且，它既是余额增值服务和活期资金管理服务产品，又是一种货币基金。"爸爸解释道。

“什么是货币基金啊？”哥哥抑制不住好奇心，追问道。同时在心里悄悄地感叹着：这又是一个全新的概念，关于钱的知识可真多啊！

“货币基金的定义比较复杂，简单地说，就是拿我们投进货币市场的钱去购买一些风险很低的货币类投资产品，比如国债等。”

哥哥一头雾水，说道：“好难懂，我不明白，爸爸。”

爸爸摸了摸哥哥的头，说：“没关系，以后我再慢慢向你介绍。你现在只需了解，为了能让钱生出‘崽崽’，除了把钱存进银行外，我们还可以将钱用于购买股票、基金和债券等，这通常可以赚到比银行存款更高的收益。”

“同样是将钱用于理财，为什么像购买股票、基金和债券等的收益会比银行存款的利息高一些呢？为什么还有许多人选择把钱存进银行呢？”哥哥一脸困惑。

爸爸竖起大拇指，说：“你能够通过比较思考问题，并且能不懂就问，这一点非常值得表扬！现在，我来解答你的问题，因为将钱用于投资股票、基金、债券等的风险要比把钱存进银行高一些。”

“爸爸，风险是什么？可能会出现怎样的风险？”哥哥打算刨根问底。

“对于投资理财来说，风险就是你可能出现亏损或者拿不到那么多的利息和收益。这很复杂，而且不是一两句话就能解释清楚的，今后你会渐渐明白的。”爸爸耐心解释道。

“好的，爸爸！”哥哥暂时将这些复杂的问题抛诸脑后。想到从今天起，自己的存款就开始生“崽崽”了，他愉快地哼起了歌。

爸爸有话说

当我们有了多余的钱后，不仅可以把钱放入银行存起来，还可以拿钱做各种各样的投资，如投资股票、基金和债券等。但需要注意的是，银行存款是最常见的理财方式，也是风险和收益较低的投资。股票、基金和债券等虽然能获得较高的收益，但风险也更高。正如人们常说的，风险和收益就是一对双生子，相伴相生。因此，在考虑多余的钱的去向时，我们一定要根据自身的实际情况去衡量风险和收益，找到最适合自己的理财方法。

货币基金的特点

1. 货币基金的风险很小，是一种稳健的投资产品。

2. 收益高于银行的活期存款利息，目前收益和一年期的定期存款利息接近。

3. 变现快，方便，有的货币基金产品还可以直接用于支付。

花花绿绿的 K 线图

哥哥经过书房时，看到爸爸正对着电脑看一些花花绿绿的图形，不知道那是什么，于是走进书房，好奇地问："爸爸，你在看什么呢？"

"我在看股票，这些图形叫作 K 线图，用于记录股票的走势。你现在还小，这个东西对你来说可能比较复杂。"

哥哥有点不服气，央求着爸爸说："爸爸，你给我讲

吧！我真的很想了解这个K线图。”

爸爸拗不过哥哥，只好答应：“好吧，那我给你简单介绍一下。”

“嗯！”哥哥连连点头，搬了个小板凳坐在爸爸旁边。

“简单地说，股票是一家公司通过某些程序，在证券交易所挂牌上市之后，向公众发行的一种证券。公司发行股票能够筹集更多资金，从而利用这些资金发展各项业务。人们可以通过购买这家公司的股票进行投资理财，获得一定的收益。不过，股票的风险可比在银行存款和货币基金高多了，是有可能出现亏损的。有的人可能在股市中一夜暴富，有的人则可能在一夜之间倾家荡产。”

哥哥挠了挠头，说：“太复杂了，我完全没听懂。怎么能通过股票来投资理财呢？股票又怎么会带来这样的影响呢？”

爸爸预料到哥哥会听不懂，笑着解释道：“你可以把股票当作既能涨价又能降价的苹果。例如，你用1元钱买了一个苹果，这个苹果涨到每个5元钱，你再卖出去，这样你是不是就能赚钱了？”

"是的，我赚了4元钱！"哥哥算得很清楚。

"没错，我们再换一种情况。如果你在苹果单价为5元钱的时候买入，等跌到了1元钱时卖出，你就亏了4元钱。这其实就是股票市场的风险。与在银行存钱和购买货币基金相比，股票投资可能会获取高额收益，有时候一天就能赚到在银行存钱和购买货币基金一年的收益。"

"我最近又攒出来了500元钱，我也要买股票！"听了爸爸的话，哥哥已经有些迫不及待了。

"可是，你也可能会出现亏损，你要考虑清楚。"

"我相信爸爸，只要有爸爸帮助我，我就不会亏损的！"在哥哥看来，爸爸无所不能。

爸爸想了想，在电脑上选出了几只股票，对哥哥说："好吧，你这500元钱的确能买股票了，但你现在的年纪还不能独立开户，所以先用我的账户帮你买吧，你自己从这些股票中选一只吧！"

哥哥看了看，觉得反正自己什么都看不懂，于是随便指了其中的一只股票，说："就这个吧！"

"好，那我稍后帮你买。"

爸爸有话说

股市有风险，入市需谨慎。如果成为一名股票投资高手，就可以赚很多很多的钱。有一个叫巴菲特的美国人，他一个人拥有的财富就超过了一个小国家，他就是一个股票投资高手。多学点股票知识，说不定你也会成为一个股票投资高手！

股票投资的特点

1. 股票投资的收益高，有时可以超过 100%。

2. 股票投资的风险大，有时亏损会超过一半。

3. 股票投资的难度很大，在投资的早期不要投入过多资金。

钱变少了

在爸爸的指导下，哥哥买了 500 元钱的股票，中途涨涨跌跌，价格基本维持在原来的位置。到了期末，由于学习压力增大，哥哥无暇顾及股票的走势了。期末考试结束后，哥哥终于迎来了悠闲的暑假时光。

在过去的这段时间里，哥哥仍然保持着存钱的好习惯。

那么，哥哥的股票怎么样了呢？

“爸爸，我的股票现在赚多少钱了呀？”爸爸下班后一进家门，哥哥就迫不及待地跑去问他。

爸爸拿出手机看了看，对哥哥说：“亏了，现在亏了 20 元钱了。”

“亏了这么多啊！我一周的零花钱啊，

呜呜呜……”哥哥伤心痛哭，刚才期待的心情现在瞬间跌落到谷底。

“爸爸，为什么会亏这么多啊？”哥哥追问爸爸，毕竟这可是从爸爸提供的股票里面选出来的，哥哥不相信会亏。

“之前我也说过，买股票就是存在风险，这就是风险。我不能保证每一笔的交易都能够挣钱，我自己买的股票也经常亏损的。”

“为什么会亏损呀？”哥哥不甘心地问。

“投资是有风险的，影响风险的因素有很多，你要学会接受这笔亏损，这样你才能真正成为一名合格的投资者。”

哥哥噘着嘴，满脸的不开心。毕竟，亏损的感觉真的不好受！

爸爸看出了哥哥的不开心，安慰他说：“没关系，这需要一定的过程。爸爸刚开始炒股时和你一样，也是涨了就很开心，跌了就很沮丧。这是每名合格的投资者都会经历的，更是需要跨过去的一个坎。你还小，现在才刚刚起步，之后有的是时间和机会。爸爸趁着这个暑假来教你怎么看股票好不好？”

“好！我要把亏掉的钱赚回来！”哥哥收起了不开心，握着拳头，信誓旦旦地说。

爸爸有话说

你也像哥哥这样，在投资理财的过程中经历过亏损吗？不要灰心，只有经历了这个过程，才能成为一名合格的投资者，从而赚到更多的钱。希望你能敢于面对风险，既要重视它，又不能被它吓倒。这样才能形成正确的投资观念和风险意识。

培养良好的风险意识的重要性

1. 良好的风险意识能够帮助人们识别出很多高收益骗局，很多人辛辛苦苦赚来的血汗钱就是被这些骗局骗去的。

2. 良好的风险意识能够帮助投资者在投资理财市场长期稳定地经营下去。

3. 良好的风险意识能够帮助人们规避各种套路，避免不必要的麻烦。

4. 良好的风险意识能够帮助人们形成一种独特的视角，从而形成正确的投资观念。

什么是金融杠杆

放学刚到家，哥哥就迫不及待地去书房找爸爸："爸爸，我今天在图书馆看书时，看到古希腊数学家阿基米德说的一句话——给我一个支点，我就能撬起地球，说是体现了杠杆原理。我觉得这句话听起来很厉害，但不理解是什么意思。你快给我讲讲吧！"

"'杠杆'这个词听起来有点深奥，但其实在生活中很常

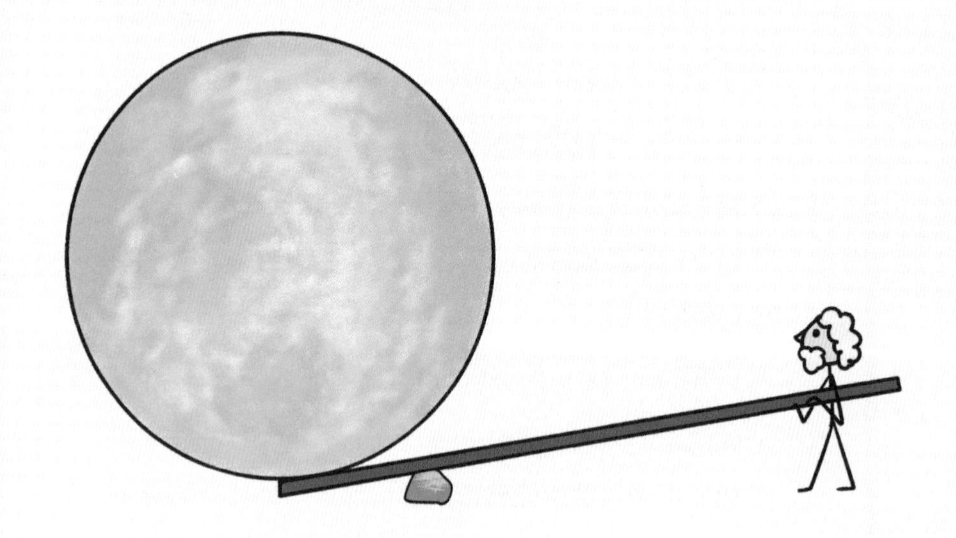

见。比如，你和妹妹在游乐园坐的跷跷板就运用了杠杆原理，只不过跷跷板的支点在正中间，也就是说，杠杆的左右两端与支点之间距离的比例是1∶1。”爸爸边说，边画出了跷跷板的示意图。

哥哥连连点头，表示听懂了。

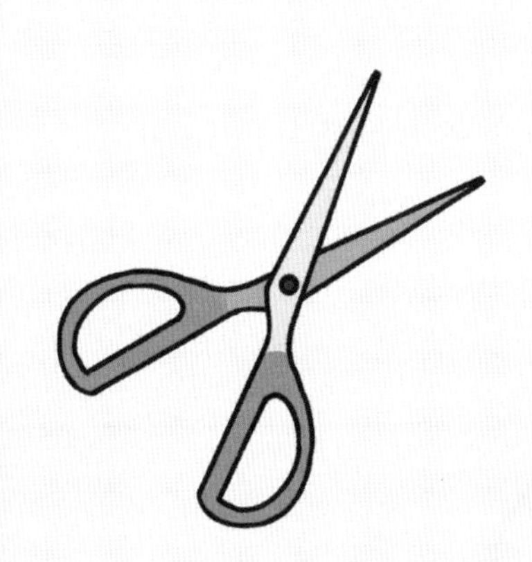

爸爸继续说：“此外，剪刀和啤酒的开瓶器也运用了杠杆原理。大部分杠杆原理的运用都是为了更省力，这些杠杆被称为‘省力杠杆’。与之相对的就是费力杠杆，比如跷跷板和理发师用的剪刀。”

哥哥恍然大悟，原来生活中有这么多东西的设计都运用了杠杆原理，但还是有些不解地问：“为什么有些杠杆费力，有些杠杆省力呢？”

“这个问题提得很好，说明你认真听了！支点的两侧可分为动力的一侧和阻力的一侧，我们以开瓶器和理发师的剪刀为例。开瓶器通常会有较长的把手，也就是说，从把手到瓶盖这个支点的动力一侧的距离较长，会让我们比较省力气，但是需要较长的距离，所以这种杠杆被称为‘省力杠杆’；相反，理发师用的剪刀刀口较长，伸入手指的部分则相对较短，也就是说，节省了动力一侧的距离，但是相对费力一些，所以这种杠杆被称为‘费力杠杆’。”

哥哥边回忆边琢磨开瓶器和理发师剪刀的样子和用法，

说:“还真是这样啊!现在我懂了。”

爸爸继续说:“这将是你在初中物理课上学习的内容，稍后你会理解得更透彻。你知道吗?其实在金融领域，也是存在杠杆原理的。”

“咦?投资理财中也有杠杆吗?”哥哥觉得有些无法理解了，这种无法用手摸到的东西怎么会运用到杠杆原理呢?

“举个简单的例子，买股票的时候可以进行融资融券。也就是说，你在申请通过后，可以在股票市场购买超过你

本金的股票。如果杠杆比例是1∶1，那么你就可以用1元钱购买2元钱的股票，在你赚了钱准备拿出资金时，你需要向对你融资的机构归还这额外的1元钱以及一部分利息。”

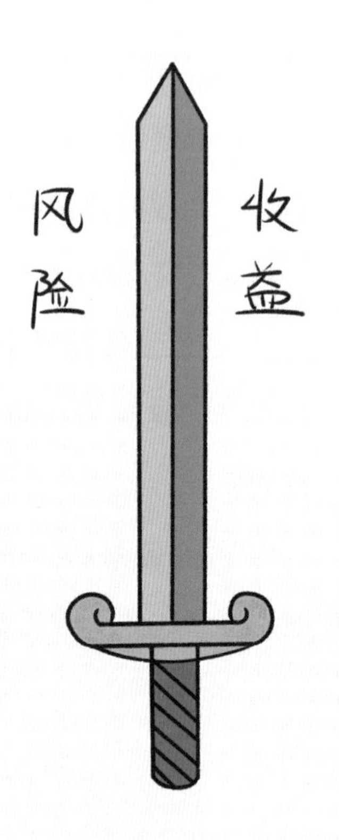

“哇，这样一来，我的500元钱就可以购买1000元钱的股票了！”

“是的。”

“爸爸，那我要用金融杠杆！”听了爸爸的话，哥哥瞬间充满信心，相信自己能够把之前亏的钱快速赚回来。

爸爸语重心长地说：“我理解你的想法，但是你知道金融杠杆让你能够购买更多的股票会给你带来什么后果吗？”

“不知道。”

“金融杠杆扩大了你购买股票的市值，当你盈利时，你会赚得更多；相反，当你亏损时，你也会亏得更多。金融杠杆其实是一把双刃剑，放大了你的收益和风险。如果你把自己的本金亏空了，融资机构就会提醒你投入更多的钱，否则就会强制平仓，最后你很可能一点钱都没有了。”

“啊？那我不用金融杠杆了。”虽然哥哥听不懂“融资机构”“强制平仓”等词，但他听懂了爸爸最后一句话——“很可能一点钱都没有了！”那岂不是亏大了！

爸爸摸着哥哥的头，说：“嗯，在你没有足够的能力时，尽量不要使用金融杠杆。即使你具备了较强的投资能力，也要注意金融杠杆应用的倍数，随时提防金融市场的风险。”

爸爸有话说

金融杠杆是一种神奇的工具，可以扩大人们的收益和风险。生活中，除了购买股票，买房其实也利用了金融杠杆，人们在购买时先支付首付，剩余的部分之后再慢慢补上。正是这种购买方式提高了人们的购房能力，提高了房子的销售量，对房价产生了积极的影响。

金融杠杆的特点

1. 金融杠杆增加了资金的购买力，让我们能够用更少的钱买到更多的东西。

2. 金融杠杆也会增大我们的风险，增加的比例与杠杆的比例成正比。

3. 金融杠杆在一定程度上能够提高资金的流动性，刺激经济。

什么是贷款

最近，家里的车频繁出问题。出于安全的考虑，爸爸妈妈商量了一番，决定换一辆新车。现在家里的这辆车还是孩子们没出生时买的。因此，听闻买新车的消息，兄妹俩都高兴得跳了起来。

哥哥急切地问爸爸："什么时候可以买新车？我们可以一起去吗？"

爸爸看向着急的兄妹俩，说："先不急，我还要了解一下现在按揭买车的贷款利息是多少。"

哥哥一脸不解地问爸爸："什么是按揭买车？"

"按揭买车是指，申请购车的人先付一部分首付，剩余的钱则由银行向购车的人分期发放贷款。简单地说，就是购车的人先付出一部分钱就可以买到车，而剩余的车钱则在以后慢慢还。不过，前提条件是，购车的人要有良好的社会信用，并且有稳定的工作，能够按期偿还本金和利息。”爸爸说道。

“那什么是贷款呢？”哥哥又问道。

“贷款是指银行或者其他金融机构按照一定利息，把钱借给需要用钱的单位或个人，并限定必须归还等条件的一种信用活动形式。我们日常生活中所说的贷款通常包括向银行或金融机构借钱、贴现、透支等。”

哥哥仍感到不解，继续问：“爸爸，我还是不太明白。不过，我知道利息。为什么银行给我们利息，我们还要去

贷款呢？这样多不划算啊！”

“简单地说，就是贷款人‘差钱了’。贷款人有资金需求，通过贷款他们的资金得以周转，从而帮助他们获得更大的利益。因此，这时贷款人贷款是划算的。”

哥哥挠挠头，若有所思地说：“所以，不管哪一种投资理财方式，即使是贷款，也都是为了赚更多的钱吗？”

爸爸点头道：“可以这么理解，人们之所以进行投资理财，是因为可以从中获得利益，得到好处。”

哥哥说：“我听懂了，今天又学到了一个理财知识。”

爸爸有话说

贷款是我们在日常生活中的一种很常见的信用行为。我们在贷款时，一定要量力而行，不要因背负巨债而还不上贷款，造成家破人亡等悲剧。此外，一定要从正规渠道申请贷款。当然，我们也要坚持诚信原则，在贷款后按时还本付息，否则会影响个人信用。

银行发放贷款的好处

银行通过发放贷款，可以将银行的钱集中投放出去，以满足社会扩大再生产的资金需要，从而促进整个社会的经济发展。同时，银行还可以通过贷款收取利息，这样就能增加银行的资本积累。此外，作为中央银行的中国人民银行还可以通过贷款适时进行宏观调节和管理社会经济，确保社会经济健康有序发展。

3

千万不要金钱至上

钱不是万能的

语文课上，老师问道："同学们，你们长大后想做什么呀？"

"我想当明星！"

"我想当主播！"

"我想当老师！"

"我想当科学家！"

同学们七嘴八舌地讨论着。

"我想当投资大师！"哥哥也举手回答。

老师听到这个并不常见的答案，愣了一下，鼓励说："真棒，加油！"

"我想当农民！"哥哥的同桌也举手回答。

同学们哄堂大笑。

老师示意大家安静，然后微笑地问："请你来说说，你为什么想当农民呢？"

"我觉得农民伯伯很伟大，他们种粮食给我们吃。"他大声地说出了自己的想法。

坐在前座的男生立即扭头大声说："可是农民挣不了多少钱，他们的生活条件也比很多其他行业的人差很多。"

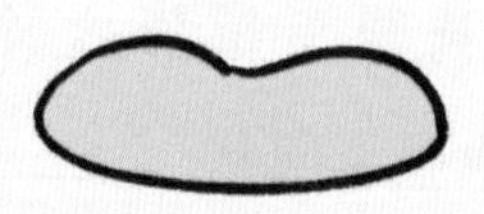

哥哥的同桌一时语塞，不知道该如何回答。

老师再次示意大家安静下来，并说道："每个人的梦想都很伟大，大家应该相互尊重与期待。"

回到家，哥哥和爸爸讲了这件事。爸爸说："你同桌的想法并没有问题啊，农民也能够为社会做贡献。"

"可是有的同学说当农民赚不到钱，而且生活条件也不

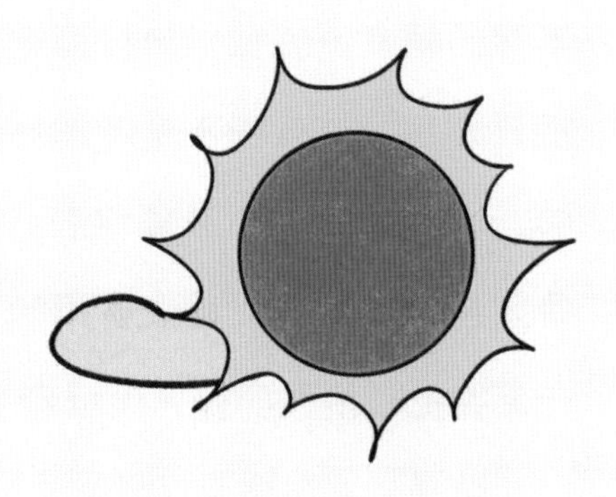

是很好。”

“每个职业既然存在，就有它存在的道理。我们不能以‘是否能赚到钱’作为判断这个职业好坏的唯一标准。”

“可是，爸爸你教我投资理财的知识，不就是为了教我赚钱吗？”哥哥有点疑惑地问爸爸。

“判断一个人的价值，不在于他赚了多少钱，而是他为社会做出了多少贡献。你知道‘杂交水稻之父’袁隆平爷爷吧？他不仅是一位科学家，还是一名辛苦劳作的农民。他最大的愿望就是让人类摆脱饥荒，让天下人都吃饱饭。你的同桌想要当农民，他可以以袁隆平爷爷为榜样，并结合他所学的知识，成为一位非常厉害的农民，为人们提供丰富的粮食。我们学习投资理财，的确是为了赚钱，但不能只顾着赚钱。钱不是万能的，有很多东西钱都是买不到的，比如爸爸妈妈养育你们，不是为了赚钱，对吧？爸爸希望你成为一个对社会有用的人，如果你有能力赚钱，就一定要把钱用在实处，为社会多做贡献。”

哥哥有点迷惑了，问爸爸：“什么是为社会做贡献呢？”

“就是每个人用自己的力量让我们的社会变得更好，换句话说，就是多做好事。这些事情可以很小，也可以很大。你现在没有那么大的能力，就可以做一些小事情。刘备曾经说过，‘勿以恶小而为之，勿以善小而不为’，你一定要做一个好人，一个对社会有正面作用的人。”

“爸爸，那如果我的同桌当了农民，种粮食给大家吃，是不是就是在为社会做贡献？”

“是的，所以不要觉得你同桌的梦想不好，我觉得他的梦想并不比其他同学的差。”爸爸笃定地说。

“爸爸，我明白了！”

父子俩开心地笑了。

爸爸有话说

你长大后想当什么呢？无论从事哪个行业，都请一定要记得，以后要当一个对社会有用的人，不能只顾着追求经济利益。钱不是万能的，我们要培养正确的金钱观，让钱成为我们实现目标的工具，而不是成为禁锢我们的牢笼。

正确的金钱观

1. 在金钱的不正当诱惑面前要克制住自己，提高警惕。要知道，天上不会掉馅饼，拿到这笔钱可能会付出更大的代价。

2. 人赚钱、花钱都是为了满足自身的需要，切记，赚钱是手段而不是最终目的。我们要让自己成为金钱的主人，而不是金钱的奴隶。

3. 有了这样的金钱观，我们就能在贫穷时保持耐心，花钱来投资自己，提高自身的能力和素质，从而获得金钱带给我们的好处。

攀比之心不可有

晚上，一家人围坐在餐桌边吃饭。

妹妹冲着妈妈撒娇说：“妈妈，我想买根头绳。”

妈妈看了看妹妹，说：“可是，你已经有很多头绳了。”

妹妹继续撒娇说：“可是，最近新出了一款头绳，班里很多女生都有，可好看了！”

爸爸和妈妈对视一眼，一下子就明白了，看来妹妹起了攀比之心，同学有的东西，她也想有。为了让兄妹俩明白攀比的做法不对，饭后，爸爸将他们叫到了客厅。

爸爸笑着说：“今天，我和你们讲一个故事。西晋初年，有一个叫王恺的人，一个叫石崇的人。王恺是皇帝的亲舅舅，石崇则是大官员的儿子，两个人的家里都十分富有。当时，王恺在都城洛阳非常喜欢炫耀自己的富有。石崇偶然间听到了王恺在京城炫富的消息，他很不服气，于

是给王恺下了挑战书，想要公开与他斗富。”

“他会同意吗？”哥哥好奇地问。

“自觉富可敌国的王恺欣然应战。王恺家用昂贵的饴糖水作为厨房的刷锅水，石崇便让厨房仆役直接把蜡烛当柴烧。这样一来，大家都说石崇比王恺富有。知道消息的王恺气得脸色铁青，不肯善罢甘休，于是下令在自己家外用名贵的紫丝布做了四十里的步障。这件事轰动了整个洛阳城。对此，石崇只是微微一笑，命人做了五十里长的更加昂贵的锦步障。洛阳百姓见状都被惊得目瞪口呆。就这样，王恺和石崇这两人为了斗富，攀比不断升级。到了最后，这两人斗富的事情传到了皇帝的耳中。皇帝一听，很感兴趣，也加入了其中。随后，又有越来越多的富有之人加入。在这种社会风气的影响下，整个西晋王朝都充满了奢靡之风，为后来西晋的灭亡埋下了祸根。”

听完爸爸讲的故事，兄妹俩陷入了沉默。

爸爸摸了摸妹妹的头，说："听完这个故事，你们有什么想法吗？"

妹妹率先说："爸爸，我知道错了。我不该和班里的同学攀比。"

哥哥点了点头，说："要是攀比严重，可能会让一个国家灭亡。"

爸爸赞赏地看着兄妹俩，说："每个人都更应该追求精神上的富足，而不是纯粹地追求物质上的财富。只有精神世界富足的人，才能成长为一个对社会有用的人。"

爸爸有话说

你和别人攀比过吗？任何事情都如同一枚硬币的两面，在日常生活学习中，我们应该和他人比努力、比勤奋、比学习等，让自己的精神世界更加富足，而不应该和他人在物质上大肆攀比。

盲目攀比的危害

1. 让人生价值观变得扭曲。盲目攀比会让孩子一看到别人有了新东西自己就想要，最终会形成根深蒂固的攀比心理，从而让人生价值观变得扭曲。

2. 产生自卑心理。当攀比不能实现时，孩子就会感到自卑，并产生一系列的负面情绪（如嫉妒、仇恨等），从而影响其身心健康。

3. 缺少主见。盲目攀比会让孩子不管是否真的喜欢这个东西，都会想尽办法地去拥有，久而久之，孩子会变得毫无主见，甚至会迷失自己。

友情比金钱更重要

哥哥和同桌是很好的朋友。同桌很讲义气，经常在哥哥遇到困难时帮助他，他们也经常在一起玩。

同桌很少玩玩具，也很少玩电子游戏。与这些相比，他更喜欢植物，他家的阳台上摆满了花花草草，他每天都花大量的时间去照顾它们。

哥哥特别喜欢同桌种的一盆含羞草，每次去他家玩，哥哥都会去逗含羞草。听同桌介绍，这盆含羞草品种比较独特，比一般市场上卖的含羞草要更"羞"一些，一旦被碰到，它就会一下子把叶子缩起来。他还特地强调，这是他的一个亲戚从云南带回来送给他的。

哥哥生日这天，同桌把这盆含羞草作为生日礼物送给了哥哥。哥哥想

起爸爸曾告诉过他，不能轻易占别人便宜，于是拿出钱包里的零花钱要给同桌，毕竟这盆含羞草是他付出很多劳动照顾好的。

同桌执意不要，还说："你再这样，我就生气了哦！"

哥哥只好作罢，但还是解释说："这是你的劳动成果啊，是有价值的东西，我不能随便要。"

"因为我们是好朋友啊！好朋友之间互相送礼物是很正常的。"同桌的回答让哥哥没法反驳。

回家后，哥哥把这件事情告诉了爸爸，他本以为爸爸会让他把钱给同桌，但是爸爸并没有。哥哥有点迷惑，问爸爸："这盆含羞草是同桌的劳动成果，为什么他没有得到报酬呢？"

爸爸摸了摸哥哥的头，说："儿子，不是所有的劳动都是为了获得报酬的。同桌和你是好朋友，他把含羞草作为

生日礼物送给你，说明他更加看重你们之间的友情。这种珍贵的友情比金钱更重要。”

“那等我同桌过生日的时候，我该送他什么礼物呢？这可是我第一次收到朋友的礼物，我也想送他一份他喜欢的礼物，但我不知道送什么好。”

爸爸思考了一会儿，对哥哥说：“既然他喜欢栽培植物，那么你可以送他一些栽培植物的工具，或者相关的书籍，还可以送他一些新奇的植物。”

“好！”哥哥总算有了方向。

爸爸还嘱咐哥哥：“你可以向同桌多多请教一下如何养好这盆含羞草，这可是你们友情的见证啊！”

哥哥点点头，说：“我一定会好好养它的！”

爸爸有话说

你收到过同学和朋友送的礼物吗？如果你收到过，那么在他们生日的时候，也要记得送一份礼物给他们。希望你能学会礼尚往来，知道珍贵的友情比金钱重要。

友情的重要性

1. 友情不只体现在互赠礼物上，还可以在我们遇到困难和危险时，帮助我们走出困境。

2. 友情是相互的，别人对你好，你也要对别人好。

3. 友情不仅有助于让我们的性格更加开朗，还能增强我们的沟通能力，提升我们的合作意识。

如何正确地赚钱

哥哥的第一桶金

周末，哥哥刚从外面疯玩回来，便冲着正在客厅看新闻的爸爸嚷嚷道：“爸爸，我想买副乒乓球拍！”

爸爸扭头看了看满头大汗的哥哥，问道：“儿子，你最近买了不少东西，比如，羽毛球拍、奥特曼、新文具等，开销严重超支了吧！”

哥哥边猛喝着水边转向沙发另一端坐着的妈妈，紧急求助：“妈妈，我真的想买啊！”

妈妈笑看着哥哥，说：“儿子，你爸爸说得对，你最近花销超支了。如果你非常想买乒乓球拍，就得自己想办法赚钱再去买。”

“赚钱？我还太小了吧！没办法像爸爸妈妈一样出去工作。”哥哥沮丧地说。

爸爸笑着说："赚钱的方法有很多，比如，你可以收集家里的废旧物品、矿泉水瓶、易拉罐等去回收站卖掉，可以做手工艺品去摆摊，可以教妹妹弹钢琴，还可以帮小区里的人遛狗等。"

哥哥两眼放光地看着爸爸，说："原来我可以通过这么多方法赚钱啊！太好啦！"

妈妈笑着点点头，问道："你打算通过做什么来赚钱呢？"

哥哥想了想，说："我打算收集矿泉水瓶、易拉罐等，把它们卖掉去换钱。"

爸爸妈妈异口同声地夸赞道："这个想法很好，你可以通过自己的劳动能力来赚钱。"

之后，哥哥便开始收集矿泉水瓶、易拉罐等，且每天都计算着现有矿泉水瓶、易拉罐等可以卖多少钱。看着矿泉水瓶、易拉罐等数量增长缓慢，哥哥心里更是焦躁不已，不由地嘀咕：“什么时候才可以赚够买乒乓球拍的钱啊？”

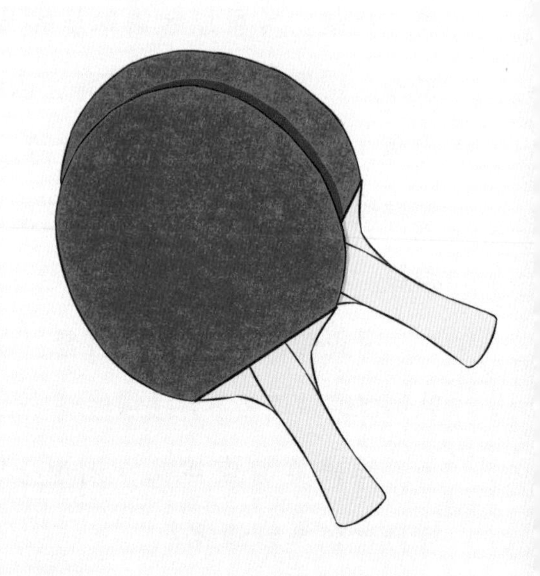

看着哥哥这样，爸爸摸了摸哥哥的头，语重心长对他说：“儿子，其实爸爸妈妈赚钱也是一点一点赚到的，我也希望你踏踏实实地按照你的方式来赚钱。别着急，慢慢来，只要你坚持去这么做，总有一天可以买到你想要的乒乓球拍。”

哥哥点了点头，说：“好的爸爸，我明白了。”

又是一个星期天，哥哥终于用足够多的矿泉水瓶、易拉罐等卖了 50 元钱。哥哥开心地说：“真没想到！原来赚钱是一件这么有成就感的事！”

爸爸在一旁笑看着哥哥，说：“你能用自己的劳动来换取报酬了，恭喜你长大了！儿子，爸爸为你而骄傲！”

爸爸有话说

你的第一桶金是什么时候获得的呢？通过自己的劳动获得报酬真的是一件令人很有成就感的事情。如果你还没有获得过自己的第一桶金，就请像哥哥一样，勇敢地迈出第一步吧！

小学生赚钱的小知识

通过自己的劳动获得报酬，不仅可以充实你的存钱罐，还可以培养自己独立生活的能力，提升自己的劳动技能。

你还可以通过以下方式赚取零花钱：

1. 帮助小区里的爷爷奶奶遛狗、浇花、除草；

2. 收集家里的废旧物品，到废品站卖掉；

3. 如果你会画画或是会做手工艺品，可以在线下或线上销售。

劳动与报酬

哥哥一直有一个困惑：我的一部分零花钱是通过收集矿泉水瓶、易拉罐等换来的，一部分是爸爸妈妈给的。那么，爸爸妈妈的钱是从哪里来的呢？哥哥决定今天就要问问爸爸妈妈，搞清楚这个问题。

“爸爸，您和妈妈的钱是怎么赚来的呀？”吃晚饭时，哥哥问爸爸。

“爸爸妈妈的钱是每天付出劳动，在工作中得到的报酬啊！当然，除了工作，我们家还有一部分理财收入。”爸爸放下筷子，打算给哥哥好好讲讲。

“爸爸妈妈的劳动产生了一定的价值，因此也获得了相应的回报。投资理财则是资金产生了价值，让我们获得了收益。”说起理财，爸爸总是滔滔不绝。

哥哥还是不太明白，问道：“‘产生了一定的价值’是什么意思呢？”

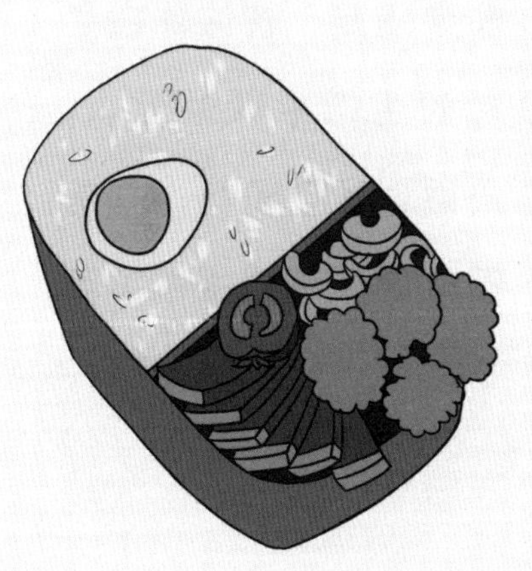

“举个简单的例子，有时候爸爸妈妈没时间做饭，就会在手机上点外卖。外卖小哥会把商家做好的菜品送到我们家，他们付出了自己的劳动，让我

们不需要出门就可以吃到商家的菜品。所以，外卖小哥用自己的劳动给我们提供了方便，他们能从劳动中获得一定的报酬。”

“那么，爸爸妈妈每天为我们做饭，用自己的劳动给我们提供了方便，你们也获得报酬了吗？”

“是的，只不过这种报酬不是以金钱形式来体现的，而是体现在精神上，比如你们珍惜爸爸妈妈的家务劳动成果、给爸爸妈妈道一声辛苦了、回家主动帮爸爸妈妈分担家务等，这样我们就会觉得为这个家服务是值得的，心里也会非常满足。就像你在平时的生活中帮助他人，虽然创造了价值，但是不会得到金钱报酬，可是别人会向你表示感谢，

你也能够在帮助他人的过程中感到快乐，是不是啊？”妈妈笑着说。

“对！”爸爸点点头。

妈妈继续笑着说：“同样，妈妈为全家人做饭，看到你们健康快乐，就很满足了。”

爸爸接着说：“等你长大了，也可以通过劳动来获得报酬，这个报酬可能是其他人直接给你的，也可能是你通过劳动生产出来某种商品或者解决了别人的某些需求，从而让购买你商品或者服务的人付给你的。”

“那我以后想当理财专家，通过投资理财赚钱，这是如何获得报酬的呢？”

“这是你通过自己的认识水平和投资能力得到的报酬。你付出了脑力劳动。你的知识储备越丰富，认知水平越

高，就越能轻松地为社会创造价值。”爸爸语重心长地告诉哥哥。

“我明白了，爸爸。我一定会好好学习的！”哥哥暗下决心，“我一定要成为一名非常厉害的理财专家。”

爸爸有话说

你知道爸爸妈妈是通过什么方式赚钱的吗？他们付出的劳动多吗？获得的报酬如何？其实，任何人都是通过辛勤付出才能获得报酬的。因此，希望你好好学习，努力提高自己各方面的技能，为将来迈入社会做好准备。

劳动与报酬的关系

1. 有些劳动能够获得报酬。
2. 有时，劳动与报酬并不成正比。
3. 脑力劳动能够创造的价值上限更高。

玩具拍卖会

哥哥和妹妹每年都能得到很多玩具，有的是他们用零花钱买的，有的是爸爸妈妈或家里的亲戚朋友送的。随着玩具越来越多，兄妹俩的房间也变得越来越乱，很难收拾。妈妈为此经常吐槽，说真希望把它们都处理掉。

有一天，家里的客厅从沙发到地上都是玩具，已经没有可以下脚的地方了。于是，爸爸对兄妹俩说：“你们的玩具太多了，每次都弄得很乱，快点收拾收拾。”

“可是，我们的玩具箱不够大，装不下那么多玩具，而且每次把玩具装进去再找出来也很麻烦。”

“我有个建议，你们选出不

愿意玩的玩具，进行一场玩具拍卖会，怎么样？”

“什么是玩具拍卖会？”哥哥和妹妹都一头雾水。

“你们可以选一些你们不愿意玩的玩具拿到小区的广场上进行折价拍卖，拍卖得到的收益由你们分配。这样既能让你们的玩具得到妥善处理，又能让你们得到一笔不错的收益，还能让小区里的其他小朋友用更低的价格买到他们心仪的玩具。除此之外，你们还能和他们认识，以后交换玩具玩。”

听到爸爸的建议，哥哥想了想，觉得这确实是一个非常好的主意，于是对妹妹说："妹妹，我觉得不错，要不然咱们去挑一些玩具出来拍卖？”

“我才不要！”妹妹非常喜

欢自己的玩具，想要说服她，还真有点难。

“那咱们先搞个试点，让哥哥挑一些他不喜欢或是不需要的玩具去拍卖。”爸爸提议道。

“好！”自从哥哥立志成为投资理财大师，玩具对哥哥来说就已经没有那么大的吸引力了。

哥哥迅速挑选出了用来拍卖的玩具，爸爸联系拍卖场地。

第二天，拍卖会在小区楼下举办，小区里有不少小朋友都拿着各自的玩具来参加拍卖会，他们开心地或交易或交换着玩具。

拍卖会结束后，哥哥不仅赚了 200 元钱，还与其他小朋友交换了一些新的玩具，并和一些小朋友成了好朋友。

回家后，哥哥把一个换来的芭比娃娃送给了妹妹，妹妹特别开心。这下妹妹也受到了鼓舞，说下次也要参加拍卖会。

爸爸有话说

你有不喜欢或是不需要的玩具吗？可以把它们整理出来开一个玩具拍卖会。这不仅能让你的这些玩具置换为资金，还能交换到新的玩具、结交新的朋友。在这个过程中，既能锻炼你的生意头脑，又能提高社交技能，这些对你以后的发展都有着非常积极的作用。

玩具拍卖会的优点

1. 能够对闲置的玩具进行资源配置，做到物尽其用。

2. 在策划或参与玩具拍卖会的过程中，可以锻炼孩子的胆量，提升组织、社交等多方面的能力。

3. 带来一定的收益。

4. 结识新朋友，扩大交际圈。

班上的小小理财师

假期时，哥哥用投资理财赚得的收入买了一个变形金刚。这件事情在同学中疯传，后来全班都知道了。

开学后，同学们围着哥哥，让他与大家分享一下理财经验，他们都对此感到很好奇。于是哥哥便与大家分享了自己的理财经验，从储蓄开始，一直讲到买卖股票。

“我想把我这周的零花钱给你，让你帮我理财！”听

完哥哥的分享，他的同桌说。

“我也想！”

“算我一个！”

就这样，班里好多同学都掏出了自己的零花钱，都想让哥哥帮他们理财。

回到家，哥哥将这件事告诉了爸爸，但爸爸却很郑重地让他把同学们的零花钱退还给他们。

哥哥不解地问：“爸爸，你平时教导我要助人为乐，我现在不正是在帮助同学吗？”

爸爸摸了摸哥哥的头，说：“儿子，帮助别人要讲究方式方法，有时候，好心不一定能够办好事。投资是有风险的，你回忆一下，你自己的资金出现一点浮亏你都不开心，你能保证在你帮同学们理财的过程中，如果出现亏损，他们能够接受吗？”

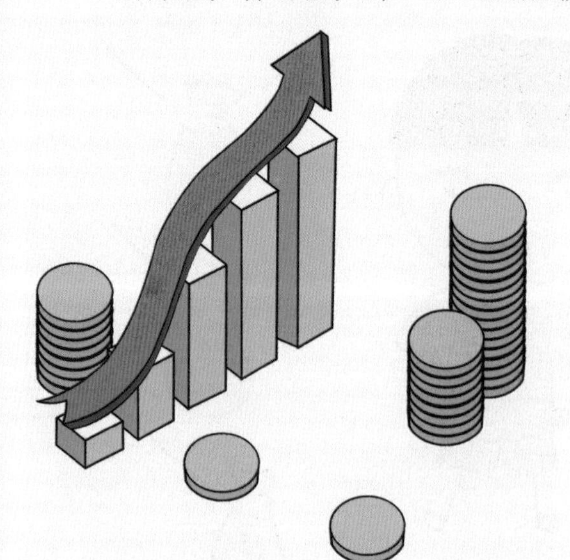

哥哥觉得爸爸说

的有道理，只好让步："要是我把同学们的钱用来买货币基金，这样亏损的风险是不是就很小了？"

爸爸摇摇头，说："这也不行，你已经和大家说了你赚了不少，如果用这些钱来购买货币基金，那么最后的收益肯定是比不上你之前所获得的。因此，如果收益低于同学们的预期收益，那么你同样会受到责怪。如果大家的确对理财感兴趣，那么你可以向大家传授一些理财的基础知

识，让他们了解风险和收益的关系，自己理财。”

哥哥听取了爸爸的建议。第二天到学校后，哥哥把零花钱一一退还给了同学们。

在老师的帮助下，哥哥真的在课余时间开了“理财小课堂”。在给同学们讲解理财知识的过程中，哥哥温故知新，学到了更多有用的理财知识。

爸爸有话说

理财是自己的事情，每个人都需要对自己的账户负责。如果一个人没有基本的理财观念和风险意识，就很难在投资理财市场赚到钱。不过，就算拥有投资能力，也最好不要帮朋友理财，毕竟理财有风险，一旦出现亏损就很可能会影响朋友之间的关系。

理财的几个必要条件

1. 要想成为理财高手，就要先对投资理财非常感兴趣。

2. 在具备丰富的投资理财知识后，才能考虑一些风险较大的投资，否则很容易出现较严重的亏损。

3. 树立科学理财观念，找准收益与风险之间的平衡。

生财之道

尝到赚钱的快乐之后，哥哥非常高兴，一直想着有没有更好、更快的赚钱方法。在爸爸教会哥哥使用复印机后，哥哥灵机一动，想到了一个更好的赚钱办法——哥哥从自己的零花钱中抽出了一张 20 元钱的纸币，然后用彩色复印机复印出了一张 20 元钱。

哥哥抓起它，走到爸爸妈妈面前炫耀道："看，我多了 20 元钱！"

爸爸看了看，哭笑不得地说："这是你'印制'的'钱'吗？"

哥哥得意地说："是啊！这样我就一下子多了 20 元钱了！"

妈妈哈哈大笑道："小傻瓜，你这是假钱，不能用。"

哥哥一脸迷惑地问："我复制的 20 元钱和人民币 20 元钱一模一样，怎么不可以用呢？"

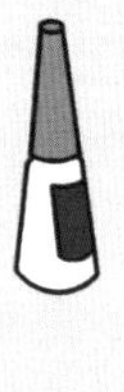

爸爸笑着说："儿子，你是不能印制纸币的，只有国家专门的印钞机构才有权利印制纸币。你私自印制纸币的行为不仅是不对的，更是违法的。"

哥哥震惊地问："啊？我违法了吗？我会被警察叔叔抓起来吗？"

妈妈抱了抱哥哥，说："知错能改，善莫大焉，你没酿成大错，改正就行，以后可不能再这样做了。"

哥哥郑重地点了点头，说："好！"

爸爸语重心长地说："儿子，赚钱是要付出辛勤劳动的，不能靠这种投机取巧的方法。你看，我国台湾地区的著名商人王永庆，从一位米店老板成长为塑胶大王，不仅

仅是因为他有商业头脑，能找准发展机会，更重要的是他有着努力奋斗、拼搏向上的精神。当别人嘲笑他连塑胶是什么都不知道就去开办塑胶厂的时候，他不断地做周密的分析和研究，向相关专家学者请教，拜访知名实业家，调查市场，去国外考察，最终做出了投身塑胶行业的决定。还有沃尔玛公司的创始人山姆·沃尔顿，他一生都在勤勉地工作，到60多岁时，仍然每天坚持早上四点半开始工作，直到深夜。此外，他每周都抽出至少四天时间去访问各家分店，这也让沃尔玛在短短几十年间迅速遍布全球。

因此，真正的赚钱之道是踏踏实实、不畏辛劳、持续努力地奋斗和拼搏，只有这样，才能拥有源源不断的财富。”

哥哥听得入了迷，然后重重地点头说：“好的，爸爸！我一定用自己的双手来赚钱。”

爸爸有话说

俗话说“天上不会掉馅饼”，要想合法合规地赚钱，就要脚踏实地、一步一个脚印地通过努力和奋斗去开创属于自己的生财之路。

中国古代商人的生财智慧

1. 知地取胜，择地生财：选择有利地形经商，即找准经商市场。

2. 时贱而买，时贵而卖：经商者要善于把握商机，不失时机地买进卖出。

3. 薄利多销，无敢居贵：不能因贪图一时的高收益而丧失了更多、更长远的利益。

4. 以义为利，趋义避财：正所谓“君子爱财，取之有道”，有着长期经营智慧的人会以义取利，而不会用恶劣的手段去获取财富。

5. 居安思危，未雨绸缪：少一些安乐，多一些忧患，将助力经商者渐入佳境。

6. 择人任势，用人以诚：要信任被选中的人才，鼓励其发挥自己的优势，并给予丰厚的报酬，让他放心大胆地去干。

跟着爸爸去上班

寒假的一个周末，妈妈带着妹妹去亲戚家了。爸爸要加班，便让哥哥自己待在家里。

爸爸正准备出门时，哥哥说很想和爸爸一起去上班，并保证自己不会给爸爸添乱。爸爸想了想，同意了。路上，爸爸提醒哥哥："我上班后会非常忙碌，很可能顾不上你，你可以自己找些事情做。"

果然，一进办公室，爸爸便忙碌了起来。一上午，爸爸不断地通过手机和电脑与客户沟通。有的客户态度不太好，爸爸仍耐着性子，有理有据且礼貌地应对。到了中午，忙碌了一上午

的爸爸才想起来自己连一口水都没顾上喝。

看着忙得像陀螺一样转个不停的爸爸，哥哥既觉得爸爸很厉害，又心疼他。他从来没有想过，爸爸在工作中是这样忙碌和辛苦。

吃午饭时，哥哥认真地对爸爸说："以后我不仅要尽量挣更多的钱，而且还要少买玩具，不该花的钱再也不花了。"

爸爸含笑说："为什么？"

哥哥懂事地说："你和妈妈挣钱都太辛苦了。我和妹妹

要少花钱，减轻你们的负担，让你们不那么辛苦。”

爸爸摸了摸哥哥的头，说：“儿子，你和妹妹现在还小，爸爸妈妈养育你们是应该的。你有这份孝心就已经很让爸爸感动了，也让爸爸妈妈觉得自己的付出有了回报。赚钱确实不容易，只有辛勤地劳动才能有收获，任何一个职业都是如此。你和妹妹现在的首要任务是好好读书，这样长大后才有更多的能力去好好工作，回报社会。”

哥哥说：“好的，爸爸！我会好好读书，长大努力工作！”

爸爸有话说

你曾跟父母上过班吗？如果没有，不妨体验一次；如果你有过这样的经历，那么你对此又有什么感想？事实上，无论你的父母从事哪个行业，上班都是非常辛苦的。因此，在日常生活中，你应该主动去承担一些家务，做一些力所能及的事情，让他们不那么辛劳。

智慧课堂

你可以做以下这些事情，让父母不那么辛劳

1. 爸爸妈妈回家后，向他们道一句“辛苦了”。

2. 做一些力所能及的家务活，如扫地、洗碗、浇花等。

3. 给爸爸妈妈揉揉肩、捶捶背。

4. 多和爸爸妈妈讲一些学校中发生的开心事，让他们知道你在学校的情况。

科学用钱才是长久之计

冲动的叔叔

周末一大早，爸爸接了叔叔打来的电话后，不停地数落他。

挂掉电话，爸爸恨铁不成钢地说："我这个弟弟啊，真是说不通。让他存点钱来理财，不要每个月都花个精光，你猜他说什么？他说，'哥，你看现在通货膨胀这么严重，我这样提前消费，也是一种抵御通货膨胀的好办法啊！'哎，我对他这个'月光族'真是没办法！"

每次叔叔来家里，都会大包小包地给兄妹俩带很多好吃的、好玩的。后来，爸爸觉得他每次都这样太浪费钱了，便什么都不让他买，并让他存点钱。

吃午饭时，爸爸又跟兄妹俩谈起叔叔，并告诫他们："你们以后在这一点上可不能向他学习，不能当个'月光族'。"

"可是他说他这样过得很快乐。每个人都有自己的追求嘛！"妈妈对爸爸说。

"的确是每个人都有自己的追求，我也尊重别人的追求，但总要有点长远的眼光吧？他现在这样，每个月都把工资花个精光，短期是快乐了，但一旦发生了什么变故，他都没办法抵御风险。"

"爸爸，我们储蓄的目的就是要抵御风险吗？"哥哥问。

"投资理财中的很多道理在生活中都同样适用，理财有

风险，生活中同样也存在着风险。人有旦夕祸福，如果我们不能在平稳的时候为风险做准备、居安思危，那么一旦遇到困难就很难抵御了。”爸爸总是能把投资理财的知识和日常生活联系在一起，有利于孩子们的理解。

停了一会儿，爸爸又对妈妈说：“其实我弟弟的工资也不低，就是他常常冲动消费，买很多不需要的东西。你看他上次搬家，放了那么多东西在我们家，后来他又觉得没用，干脆给我们了，但是我们也用不到啊！还有，每次他来咱们家都会给孩子们买很多玩具，他们俩的玩具都多得放不下了。现在他是快乐了，等到他要结婚了，到时候没有积蓄可怎么办？上次我和爸妈跟他说这件事，他干脆说自己不结婚了，把爸妈急得不行。这个弟弟真让我们发愁，唉！”

妈妈也跟着叹了口气。

爸爸又转过来和孩子们说：“你们在消费时要了解自己需要什么、不需要什么，否则就会像你们叔叔那样，每个月有多少工资都不够花。人的欲望是无止境的，不过他还算好，懂得一些基本常识，不会去社会上借高利息的贷款，而是自己赚多少就花多少。有些人由于自己的收入水平跟不上消费水平，就去社会上借高息贷款，最后陷入无底的债务中。你们以后出去上学、工作时可要注意这一点，如

果有什么需求就和爸爸妈妈讲，我们在经济上会尽量满足你们。不过，你们也要量入为出，不要和他人在物质上攀比，毕竟每个家庭的收入水平都不一样。相比以前，我们现在的生活水平已经非常不错了，我更希望你们在精神方面更加富足，成为一个有精神追求的人。”

“好！”哥哥和妹妹异口同声地答应着。

哥哥暗想，我以后还要成为投资理财高手呢！能够攒下来一部分钱进行理财是前提条件。

爸爸有话说

你在看到好看的玩具时，常常会缠着爸爸妈妈买下来吗？买下来后，你又玩了多久呢？这笔消费到底划不划算呢？等你以后工作挣钱的时候，一定要有正确的消费观念，不能看到什么喜欢的东西都买买买，而要量入为出，根据自己的收入来平衡自己的支出，最好再留下一部分钱来抵御生活中的风险。

正确的消费观念

1. 要量入为出，适度消费，最好不要购买太多超出自己能力范围的东西。

2. 要理性消费，购买之前多想想，避免冲动消费，买了自己并不是很需要的东西。

3. 最好能攒下一部分资金，这些资金不仅可以用来投资理财，还可以用来抵御生活中的风险。

给山区小朋友捐了50元钱

关于在玩具拍卖会上赚的200元钱，哥哥还一直没想好该怎样用。

在今天的课堂上，老师和同学们说：“学校最近有一个帮扶活动——为山区的孩子们购买文具。老师曾去过那个地方，并在那里支教过一段时间。那里的小朋友们的学习条件十分艰苦。假期就要到了，我打算再去一趟山区。如果有哪些同学愿意帮助这些小朋友，那么可以先回家和父母商量，自愿捐助他们。

哥哥想起爸爸曾告诉过他“要做一个对社会有贡献的人”，便觉得帮助山区的小朋友们也是为社会做贡献，于是拿出了

100 元钱交给老师，说："老师，我给这些小朋友捐助 100 元钱，帮助他们学习。"

老师有点惊讶地说："你还是先回家和爸爸妈妈商量一下再做决定吧。"

"没事，老师，这是我开办玩具拍卖会赚的钱。爸爸说，我可以自由支配属于自己的钱。"

老师还是不愿意收下哥哥的这 100 元钱，她想到一个好办法，说："我给你 50 元钱，这样就相当于我们一共捐 100 元钱，可以吗？"哥哥点点头。于是老师便给了哥哥一张 50 元的钱让他收好，并告诉哥哥，回家后一定要把这件事情告诉爸爸妈妈。最后，老师在一张捐款表格上写下了哥哥的名字。

回到家后，哥哥把这件事情告诉了爸爸妈妈，爸爸说："儿子，老师也跟我们说了这件事，你做得很对！你能够这样做，爸爸妈妈感到很欣慰！我们都希望你长大后成为一个对社会有用的人！"

听了爸爸妈妈的夸奖，哥哥非常开心。

假期时，老师在班级群里发了一张照片，是老师和山

区的孩子们的合影，他们拿着文具开心地笑着。哥哥看后，心里如吃了蜜一般甜，原来助人为乐会让人这么开心呀！

爸爸有话说

你曾帮助过山区的小朋友吗？“赠人玫瑰，手留余香。”助人为乐是中华民族的传统美德。希望遇到这种事情时，你也能积极参与，在力所能及的范围内为他们提供支持和帮助。

捐款的意义

1. 为山区的小朋友们捐款，可以让他们获得更好的学习条件，让他们更好地学习成长。

2. 能让山区的小朋友们感受到来自社会的关怀，让他们怀有感恩之心，日后为社会做更多的贡献。

3. 能够让捐款人感受到帮助别人而产生的快乐，对捐款人的性格有积极的影响。

4. 捐助活动体现了中华民族团结友爱、互帮互助的优良传统，能够提高我国国民素质，促进我国的精神文明建设。

要开源，更要节流

自从找到赚钱的方法后，哥哥便颇为得意，在花钱方面更是大手大脚了。爸爸看在眼里，急在心上。这一天，爸爸打算针对这个问题好好和兄妹俩聊聊。

“你们知道‘开源节流’这个词的意思吗？”爸爸开门见山。

“不知道！”兄妹俩都摇着头说。

“这句话出自《荀子·富国》中的‘故明主必谨养其和，节其流，开其源，而时斟酌焉，潢然使天下必有馀，而上不忧不足’。意思是说要增加收入，节省支出，这样就能使天下富足，让上位者不必担忧国家不富有。如今，这个词是告诫人们，要想财富增加，不仅要想办法增加更多的收入，还要节省不必要的开支，也就是说，花钱时不能大手大脚、没有节制。”

听了爸爸的话，哥哥沉默了，若有所思。

爸爸接着说道：“现实中有很多人，赚钱不少，但花钱更多，到最后毫无积蓄。”

妹妹大声喊道：“知道了，爸爸。我们不仅要赚钱，还要存钱。”

哥哥有点不服气地问：“可是，我们赚钱不就是为了花钱吗？”

爸爸笑了笑说：“其实，我们工作赚钱的最终目的是为了让生活变得更加美好。如果我们将所赚的钱花得一干二净，那么一旦风险来临，我们又该怎么办呢？因此，老祖宗才用这个词告诫我们，不仅要学会赚钱，更要学会管钱，要把有限的财富变成源源不断的收入，这样才能长久地保证我们享受美好的人生。”

兄妹俩陷入了沉思。

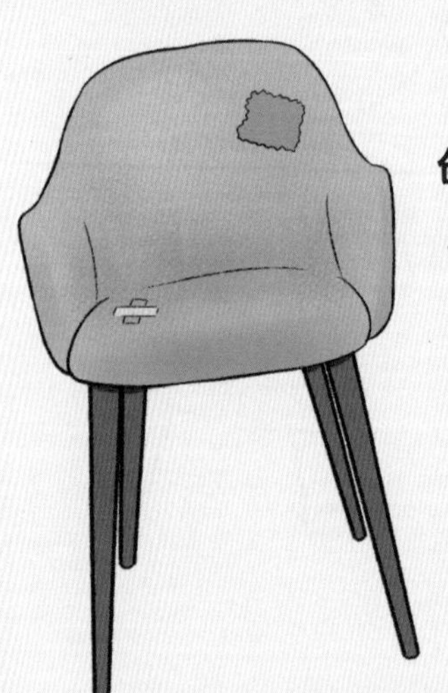

隔了一会儿，爸爸说：“宜家家居的创始人英格瓦·坎普拉德个人净资产185亿美元，可是他在生活上却极其节俭。平常代步的轿车车龄超过了20年；坐飞机时，永远坐经济舱；购物时，会等到商场打折了再去；一把椅子，他更是坐了30多年。因此，他被一些人称为‘最吝啬’的亿万富豪。在他的管理之下，宜家一步步地壮大起来，成为一家成功的企业。因此，我也希望你们从小处做起，勤俭节约，要开源，更要节流，这样才能攒下丰厚的财富。”

听了爸爸的话，哥哥面露羞愧，郑重地对爸爸说：“爸爸，我以后不乱花钱了。”

爸爸有话说

你是否像哥哥那样，有了钱便大手大脚，很快就把兜里的钱花个精光？勤俭节约是中华民族的生存智慧，希望你能开源节流，在赚钱、花钱的同时，也不忘存下一笔钱，这样在发生风险时你才能从容应对。

培养孩子勤俭节约的品质

1. 培养孩子理财意识，让孩子积极参与“钱”的管理，如让孩子当一天家，记录下收支账，体会并反思如何合理花钱，从而正确对待钱财。

2. 经常带着孩子参加劳动，体验财富的来之不易，培养孩子珍惜钱财、不铺张浪费的良好习惯。

3. 父母是孩子的第一任老师，要以身作则，改变自身不合理消费行为，为孩子做好榜样。

4. 通过讲故事、看电影等方式，引导孩子形成勤俭节约的消费观念。

有借有还

这两天，哥哥总是显得心事重重。当爸爸妈妈问他是否遇到了困难时，他却又闭口不言。有一天，哥哥实在忍不住了，告诉了爸爸妈妈事情的原委。

上周三，同学轩轩向哥哥借了 5 元钱，并说好下周一有了零花钱就还给哥哥。今天已经是周三了，轩轩还没还钱。哥哥想问问轩轩为什么没有按时还钱、什么时候还钱，可是又觉得说不出口，怕轩轩说自己小气，以后不愿意和自己做朋友了。

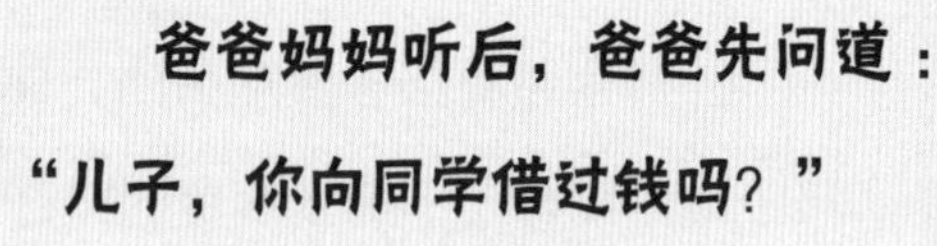

爸爸妈妈听后，爸爸先问道：“儿子，你向同学借过钱吗？”

哥哥说：“借过啊！”

“是在什么情况下向同学借钱的呢？”

“那天老师让买资料，我前一天晚上忘了跟你们说了，第二天就向同学借了钱。”

“哦，那你后来按时还给同学了吗？”

哥哥点点头，说：“还了，我当晚就跟你们说了，并要了钱，第二天就还给他了。”

爸爸说：“也就是说，借钱的原则是有借有还。对于轩轩，你不妨先问问他相关的情况。”

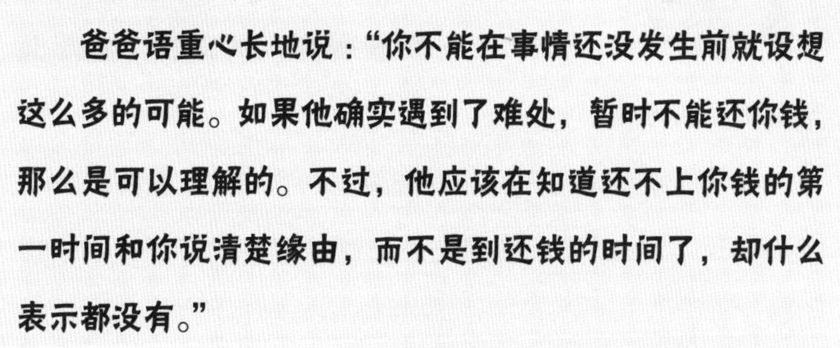

哥哥为难地说：“可是，可是……万一他有原因，还不起钱，那该怎么办呢？”

爸爸语重心长地说：“你不能在事情还没发生前就设想这么多的可能。如果他确实遇到了难处，暂时不能还你钱，那么是可以理解的。不过，他应该在知道还不上你钱的第一时间和你说清楚缘由，而不是到还钱的时间了，却什么表示都没有。”

哥哥支吾着说：“我怕要是这样问轩轩，他很可能会生气，甚至不想和我做朋友了……我不想失去好朋友。”

妈妈耐心地说：“朋友之间最重要的是相互坦诚，而不是在背后猜想，这样对你和轩轩都不好。”

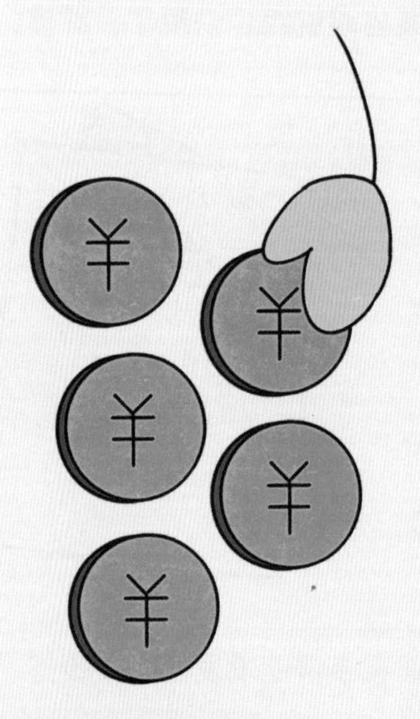

哥哥想了想，然后点了点头。

妈妈接着说：“借钱还钱，还的是钱债，得到的却是他人的信任与尊重。其实，不仅是借钱，无论是做什么事情，我们都应该坚持诚信，这是做人的第一原则。只有做一个诚实守信的人，你才能获得别人的信任，才能交到更多的好朋友。”

听了爸爸妈妈的话，哥哥豁然开朗，如释重负地和爸爸妈妈说：“知道了！我明天一到学校就去找轩轩把事情讲清楚。”

第二天，哥哥早早到了学校，并和轩轩说了关于还钱的事情。轩轩听后连忙向哥哥道歉道："对不起！我忘记了！我马上把钱还给你！"

晚上放学回家，哥哥把这件事情告诉了爸爸妈妈，并说："我和轩轩讲这件事的时候，轩轩还说我应该在约定的日期就提醒他的。"

"可见，朋友之间有事情就应该说清楚，而不是让不存在的缘由影响了你们之间的友谊。"爸爸欣慰地笑了。

哥哥开心地回应："是的，爸爸！"

爸爸有话说

向亲人、朋友等借东西，是我们在日常生活中常会遇到的事情。比如，在学校里，同学之间有时会借铅笔、橡皮擦、削笔刀等。不过，正如"有借有还，再借不难"这句俗语所说，借了别人的东西就一定要按时归还。只有做个诚信的人，你才能交到真心朋友。

经常向人借钱的危害

1. 会对他人产生依赖：经常向人借钱，会让你对钱没有规划，随意消费，时间久了，你就会失去自立能力。

2. 影响自己与他人的关系：经常向人借钱，会被人怀疑你的人品，从而使得周围的人慢慢地疏远你。

3. 影响自己的信誉：经常向人借钱且不按时还钱，会让人渐渐对你失去信任，你将毫无信誉可言。

为什么总是买买买

又快到一年一度的“双十一”了。哥哥看到妈妈最近每天晚上都抱着手机刷个不停，再一看妈妈的购物车里，不仅有自己和妹妹的衣服、鞋子，还有家里需要的粮油和日用品。此外，还有一些有趣的小玩意，比如，好看的小花篮、可爱的小碗、形态各异的贴画等。

看着妈妈又要买这么多的东西，哥哥好奇地问：“妈妈，你为什么要买这么多的东西啊？”

妈妈笑着说：“‘双十一’要到了，有很多东西都比平时便宜，这时购买很划算。”

“可是，你平时也经常在网上购物啊！”哥哥反问道。

妈妈轻轻敲了敲哥哥的头，说：“我买的东西都是家里需要的。”

哥哥心有疑惑，于是跑去书房问爸爸：“妈妈说她喜欢购物是因为家里需要那么多东西，可是我看有些东西买回家来，她并没有怎么用，都放在一边落灰了。为什么妈妈总是买买买呢？”

爸爸笑着说：“臭小子，都管到你妈妈头上了。妈妈买那么多东西，的确有一部分是家里需要的，还有一部分是因为妈妈有着喜欢购物的小爱好。你想想，妈妈白天要上班，晚上回家还要做家务，多辛苦啊！而且，妈妈在买东西时也很克制，并没有无限制地购买。那我们是不是应该体谅体谅妈妈，让妈妈保留这个小爱好呢？”

听了爸爸这样说，哥哥回想着平时忙碌的妈妈，点了点头，说：“妈妈确实很辛苦，应该让她保留这个小爱好。”

爸爸接着说："随着互联网技术的兴起，网购成了一种新兴的购物方式。由于网购有着便宜、方便、可货比三家等特点，因此很多人都倾向于这种足不出户就可买到想买之物的网络购物方式。不过，也正是网购的流行，催生了很多不合理的消费行为，不停地买买买便是其中之一。在购物的过程中，有的人看重东西便宜，有的人看重东西好看，还有的人看重东西合适，却没有认真想想自己是否真的需要。尤其是有了直播带货后，节奏很快，再加上经常会有限时抢、秒杀等方式，更让人没有充足的时间好好思考自己是否真的需要买这个东西，很可能会一冲动就买了一堆自己并不是很需要的东西。”

哥哥不解地问：“为什么人们这么喜欢花钱呢？”

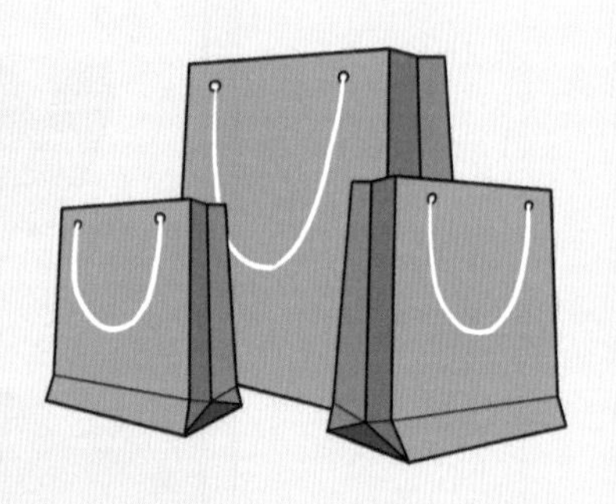

爸爸说：“这是人们在消费中迷失了自我的一种表现。很多人在购物时，心情都是非常愉悦的，可在收到东西后却又会觉得后悔。到了下次再见到合他心意的物品时，依然会购买。就这样，陷入了一种消费的怪圈。因此，你在平时花钱时，一定要想清楚，而不要一时兴起就购买了很多不必要的东西。”

哥哥笃定地说：“我才不会呢！我可是立志要成为一名理财大师呢！”

爸爸有话说

网购作为当下的主流购物方式，虽然给人们带来了极大的方便，但也产生了一些不好的消费观念。因此，正确对待网购，树立理性消费观念，是我们健康消费的第一步。

常见的网购陷阱

1. 低价诱惑：网站上有些产品价格是市场价的一半，甚至更低。

2. 虚假广告宣传：有些网站上的产品描述夸大其词，真实产品与广告宣传严重不一致。

3. 售卖山寨产品、假货：为引诱消费者购买，有的网站上会售卖山寨产品，甚至是假货。

4. 没有正规售后服务：有的网站上售卖的产品没有退换货说明，没有产品售后服务，一经售出就概不负责。

用钱要有计划

“妈妈，给我3元钱，我要去买个笔记本。”哥哥放学回家后，一放下书包就朝在厨房做饭的妈妈喊。

“我在忙，找你爸爸要！”

“爸爸不给我！”哥哥生气地说。在放学回家的路上，哥哥死缠烂打、软磨硬泡，爸爸仍是没有给他一分钱。

妈妈穿着围裙从厨房走出来，准备去卧室拿钱包。这时，爸爸从门口走进来。看到他，妈妈立马兴师问罪道：“你怎么不拿钱给儿子，让他买笔记本呢？”

爸爸解释道：“不是我不给他钱，而是他的开支过度了。周一时，我已经给了他10元钱，今天才周三，他就已经花了个精光。”

妈妈一听，立即转头问哥哥：“儿子，你的钱去哪儿了？”

哥哥看了看爸爸，又看了看妈妈，低声说：“周一放学时，我在回家的路上看到个好玩的玩具，恰好是10元钱，我就买下来了。”

听到哥哥这样说，爸爸妈妈无奈地对视一下。爸爸语重心长地说：“儿子，你要学会科学合理地用钱。只有这样，你才能攒下钱来，为理财投资打下资金基础。”

哥哥好奇地问：“爸爸，如何才能做到‘科学合理地用钱’啊？”

“科学合理地用钱，就是说该花的钱花，不该花的钱一分也不花。正如俗话所说，‘好钢用在刀刃上’。在花钱之

周一	周二	周三	周四	周五	周六	周日
×		×		×	×	
×						
×						

前，你需要做科学规划，看看哪些钱是必须花的，哪些钱是不必要花的。就像你现在，爸爸每周给你 10 元零花钱，可是今天才周三你就没钱了。这就是你在花钱之前没做好规划，看到喜欢的东西只顾着一时高兴就花掉了，却没想过在剩下的时间里当你需要花钱时该怎么办。”爸爸耐心地为哥哥解释道。

哥哥赞同地点点头，心里细想着爸爸说的话，的确有道理。于是，哥哥有些羞愧地说：“爸爸，我知道了，以后我在花钱之前一定想清楚。可是……该怎么做好用钱计划呢？”

爸爸摸了摸哥哥的头，说："比如，对于一周的零花钱，你可以制订本周消费计划，分配如何花这些零花钱。"

哥哥点点头，表示明白了。

爸爸接着说："同时，你还要记录每日的花销，根据钱花费的去向总结哪些钱是必须花的，哪些钱是不必要花的。这样，你在以后再想胡乱买东西时，就知道权衡购买一个东西的必要性，这样就可以省下更多的钱来做合理的理财了。"

听到爸爸这样说，哥哥恍然大悟，说道："真没想到，制订科学合理的消费计划还有这样的好处呢！从今天开始，我就要制订消费计划。"

看着爸爸和哥哥其乐融融交谈的画面，妈妈会心地笑了。她笑着补充说："儿子，再给你布置个小任务——在我们每周一次的购物时间到来之前，你都要带着妹妹做好购

物清单，列清楚你们需要购买的东西。记住，一定要是合理的！”

哥哥信心满满地说：“保证完成任务！”

爸爸有话说

制订消费计划、列出购物清单、记账，都可以帮助你有计划、有反思地花钱，从而帮助你养成科学规划用钱的好习惯。

培养孩子科学规划用钱的好处

1. 帮助孩子养成计划用钱的好习惯。

2. 既能培养孩子规划做事的能力，又能改善孩子做事的条理性。

3. 加深孩子对钱币的认知，鼓励孩子合理理财，为孩子的健康成长打下基础。

6

远离消费陷阱

当心网络陷阱

晚饭之后，一家人坐在沙发上看电视。

突然，晚间新闻主持人播报了这样一则新闻：“在新冠肺炎疫情期间，为响应国家‘停课不停学’的号召，很多家长为保障孩子学习，纷纷在网上购买了各种各样的网络课程。孩子上这些网络课程，就不可避免会用到手机、电脑、平板等电子设备。由于很多家长忙于上班，只能让孩子独自在家使用这些电子设备，因此就会让一些不法分子有机可乘。特别是近期以来，发生了大量中小学生被骗的案例，希望广大家长提高警惕，以免孩子上当受骗。”

看了新闻，妈妈感叹地说："现在的骗子真是太缺德了，都骗到孩子身上来了。"

爸爸附和着，并趁机对兄妹俩说："你们也在上网课，一定要引以为戒，不要被骗了。"

"嗯，我才不会被骗呢！"哥哥得意地说。

"我也不会被骗到。"妹妹也跟着说。

看着兄妹俩自信的样子，爸爸笑着问道："那你们知道对未年人来说，有哪些常见的网络陷阱吗？"

"玩手机游戏容易被骗！"妹妹抢先回答道。

"看直播时给主播打赏！"哥哥也不甘示弱。

妈妈欣慰地说："你们兄妹俩有一定的防骗意识，还

不错。”

爸爸点点头，接着说：“除了你们提到的两种骗局外，还有很多其他各种形式的骗局。比如，要求你加入热门游戏交流群，搞‘红包返利’接龙游戏，赢得的红包奖励可以用来为游戏充值；陌生号码发来信息，称兼职刷单或者看视频就可以赚钱；网页上弹出‘多倍返利’的广告，说是支付一定金额就可以获得数倍收益；QQ 群、微信群及各种游戏界面出现‘免费领取奖品、免费领取游戏皮肤与装备’等，引诱孩子添加好友；通过让孩子卖游戏账号，套取孩子转账；等等。”

妈妈也跟着说：“上网课让你们有更多的机会接触到网络，但需要注意的是，网络既能让你们获得知识，又存在着陷阱。因此，希望你们擦亮双眼，时刻保持警惕。不要随便把重要信息，如手机支付密码、银行卡支付密码等告

知别人；不要受利益诱惑，随便进入各种交流群去盲目扫描二维码、转账；更不要在看到不知来源的网络链接时出于好奇而点击进入陌生网站。”

“好的，妈妈。”兄妹俩大声回答道。

爸爸有话说

如今，在线教育越发普遍。然而，在一些中小学生网课平台上有时会弹出各种广告，如借贷、游戏，甚至会出现危害孩子健康成长的色情、赌博等违法信息，严重破坏了网上教学秩序，侵害了未成年人的身心健康。因此，家长应提高警惕，防止孩子落入陷阱。

如何给孩子做防骗意识教育

1. 在平时就要注重培养孩子正确的价值观、金钱观，避免孩子落入虚假宣传的陷阱。

2. 在把手机、电脑、平板电脑等电子设备交给孩子使用前，应告诉他们什么能做，什么不能做。

3. 上网课之前，要对孩子进行预防网络诈骗教育，提高孩子的防骗意识。

4. 要对手机、电脑、平板电脑等电子设备做好支付安全措施，不能轻易告诉孩子手机支付密码、银行卡支付密码等重要信息。

爱上“一掷千金”

下午的数学课上，哥哥班上的一位同学突然晕倒了！这件事情不仅让老师担心不已，也让大家心里悬着一根线。

好消息是，这位同学被送到医务室不久后就醒了。可当大家知道这位同学晕倒的原因后，哥哥沉默了。原来，他是因为省下饭钱买盲盒而没吃午饭，饿晕了。

最近一段时间，班里掀起了一股购买盲盒的热潮。有一些零花钱比较少的同学还会把午饭钱省出来，用来购买盲盒。

吃晚饭时，哥哥迫不及待地把这件事告诉了爸爸妈妈，并老实地承认：“我也买过一些盲盒。”

爸爸欣慰地看着哥哥说："儿子，你能坦诚地告诉我和妈妈这件事，说明你是个诚实的孩子。不过，你能告诉我们，你为什么要购买盲盒吗？"

哥哥看看爸爸，又看看妈妈，低着头说："我很喜欢收集奥特曼的游戏卡。有一天，我在文具店买图画本时，正好看到店里卖游戏卡盲盒，一张只要4元钱。于是，我便想着试一试，看能不能购买到奥特曼游戏卡。而且，要是我能买到奥特曼游戏卡的隐藏款，在同学之中就会非常有面子。后来，我又买过几次游戏卡盲盒，想'凭手气'买到自己中意的奥特曼游戏卡。这样下来，我就花了不少钱购买游戏卡盲盒。"

听完哥哥的话，爸爸无奈地摇摇头，说道："我想起前几天看到的一则新闻。在一家文具店里，商家在最显眼的地方整整齐齐地摆放着几十种文具盲盒，比如中性笔盲盒、橡皮擦盲盒、文具盒盲盒等。这些文具盲盒虽然比普通文具贵一些，但总体而言还算比较便宜，一个只要几元钱，孩子们用零花钱便能购买。也因此，吸引了大批孩子一次又一次、想方设法地去购买，希望能买到自己想要的。”

哥哥说：“是的，我去的那家文具店也有这种文具盲盒。”

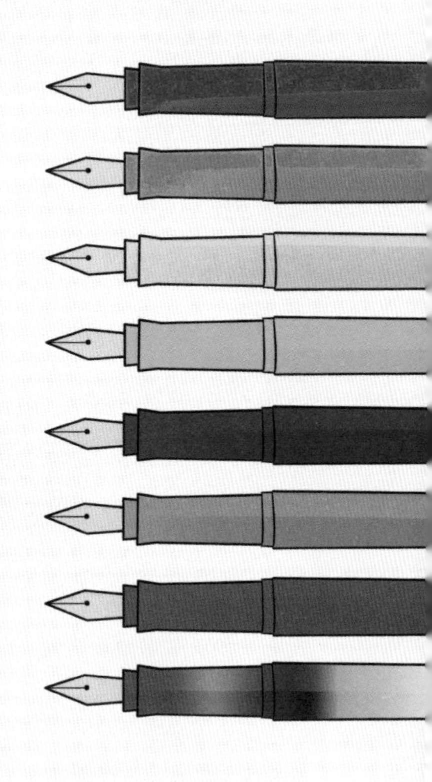

爸爸语重心长地说：“其实，这是一种典型的消费陷阱。它正是利用孩子的好奇心和类似赌博不服输的心理来引诱你们消费。你看，你这位同学为了购买盲盒，连午饭钱都要省下来，最终身体垮掉了。”

哥哥认同地点点头：“您说过身体是革命的本钱，我们要爱护身体，保持健康。”

爸爸笑着点头，接着说：“虽然你没有为了买盲盒而省

下午饭钱，保持了身体健康，但你这样的消费行为还是不对的。你要明白，盲盒设置的消费机制，就是让人不断地去消费，甚至可能让人消费‘上瘾’。长此以往，你觉得会产生什么后果呢？”

妹妹抢着回答道：“把零花钱都花光！”

哥哥接着说：“还会让人想去攀比！”

爸爸肯定地说：“你们说得都对！但更重要的是，一个人在没钱后，就会想方设法地去找钱。在这种情况下，他有可能会去偷、去抢，这不仅会给他的人生蒙上阴影，还会让社会变得不稳定。”

“爸爸，我知道了，以后不买了！”哥哥道。

爸爸有话说

青少年都有强烈的好奇心，加之他们的消费观念不健全，因此，当文具盲盒、游戏卡盲盒等出现时，他们更容易受到负面影响。父母需要在日常生活中引导孩子树立正确的消费观念，不盲目消费、冲动消费、攀比消费。

盲盒经济的属性

1. 引导性消费属性：不管是文具盲盒还是游戏卡盲盒、玩具盲盒，目的都是引导消费者不断消费。

2. 博彩属性：盲盒消费存在着极大的不确定性，购买者不知道自己所买的商品是什么、质量如何等，这非常容易使人上瘾，就像赌博一样，让购买者总想得到自己想要的结果。

盲目消费要不得

放学了，学校附近的小商店外围满了人。

一位女士站在门口大声地说："你们推出这种积分卡，就是在诱导孩子消费，属于诈骗！"

商家不甘心地反驳道："我们这是正常的促销手段，违反了哪条法律法规？更何况，我们面向的促销对象又不仅仅是小学生！"

这位女士很生气地告诉周围的家长："这家商店在开张时就推出了积分卡，诱导孩子在这里消费。比如，一次消费满10元钱，就可以在下次购买时少付1元钱；一次消费满20元钱，就可以在下次购买时少付2元钱，依此类

推。也就是说，孩子买得越多，下次少付的钱就越多。虽然在大人看来是正常的促销手段，但是用这种方式诱导孩子消费就不对了。”

旁边有一位男士听后附和道：“对啊，孩子还小，对对错是非的认知能力不足，这样的消费很容易让孩子上瘾。”

旁边有一位奶奶也说道：“我家孙子也在这家店里办了积分卡，花了很多钱。后来，我们发现孩子总是向家里要钱，问了原因才知道，他说想要买东西换积分。我们也因为这件事找过这家店的老板，反被他说成无理取闹，这件事就不了了之了。没想到，还有其他孩子也在这里办积分卡。”

奶奶的话引起了周围很多家长的共鸣，大家纷纷指出，自家的孩子也在这家商店办了积分卡。

爸爸扭头问兄妹俩：“你们也在这家商店办积分卡了吗？”

兄妹俩对视一眼，哥哥说：“办了，不过我们没有无限制地去消费，我们买的都是自己需要的东西。”

“你们长大了！”爸爸欣慰地摸了摸兄妹俩的头，继续说，“商家这种专门针对小学生、用一点小优惠去引诱孩子消费的行为是不对的。因为你们这个年龄段的孩子还没有形成稳定的消费观，很容易受外界因素影响而冲动消费。一旦消费上瘾，就很可能会通过说谎、偷窃等方式来获得钱财，这是不利于你们身心健康成长的。有的孩子甚至还会因为攀比心理，在看到身边同学办卡消费后也随大流地办卡，为获得足够的积分而盲目购物。”

兄妹俩懂事地点点头，大声赞同：“知道了，爸爸。”

爸爸有话说

处在中小学年龄段的孩子，大多有着强烈的好奇心、好胜心，很容易受到外界环境的影响。这就导致很多孩子在消费方面盲目跟从，看到同学、朋友买了什么，自己也买，而没有认真地想一想自己是否真的需要、自己真正想买什么，从而陷入了一些不良商家设计的消费陷阱。

小学生常见的盲目消费行为

1.“刮刮乐”：这种“刮刮乐”刮开后的奖励，通常不会超过孩子所付的本金。

2. 在校外商店赊账：商家利用孩子对消费金额没有概念这一点，允许孩子在店里赊账消费，在消费金额达到一定程度后便找事先对此毫不知情的家长解决。

3. 购买华而不实的学习用品：学生在商店里看到一些新颖奇特的学习用品往往会挑花了眼，但它们很可能是华而不实的，而且和普通样式的学习用品的功能也差不多。

4. 购买电子产品：随着信息技术的发展，针对孩子的各类电子产品层出不穷，为向同学“看齐”，不少孩子会想方设法地购买。

5. 购买好看、新奇的零食：为吸引孩子购买食品，一些厂家把零食包装设计得好看、新奇，却没有考虑食品安全的问题。

6. 网上购物：随着网购的普及，很多孩子也加入了网购大军。

我是维权小卫士

周末，妈妈带着兄妹俩在楼下的公园里玩。看着同一小区的天天在一旁用电话手表打电话，哥哥满眼羡慕，便对妈妈撒娇道：“妈妈，我也想要个电话手表。”

妈妈说：“妈妈之前的确答应过给你买电话手表，但是这附近没有大型商场，没地方可买呀！”

听了妈妈的话，哥哥立刻兴奋地说：“我知道小区南门有家商店有电话手表卖。”

妈妈无奈，最终去商店给哥哥买了一块他期待已久的电话手表，哥哥开心地用电话手表给身边的人挨个打电话，开心地告诉大家他有电话手表了。但在给爷爷奶奶打电话的时候，手表突然黑屏了。

哥哥又生气又着急地说：“这是怎么回事啊？今天刚用呢！”

爸爸看了看，说：“你去把充电器拿过来，给手表充一会儿电试试，看看它是不是没电了。”

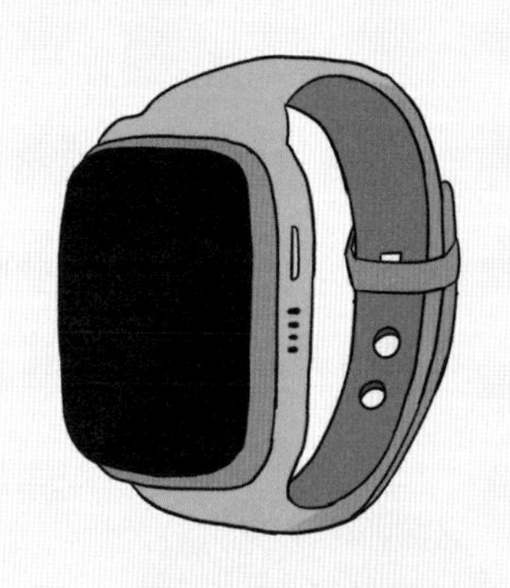

哥哥飞快地跑去拿来了电话手表的充电器。充电20多分钟后，手表依旧黑屏。他沮丧地说：“爸爸，还是不行。”

爸爸再次检查了电话手表的情况，说：“明天爸爸陪你去商店里换一块好的。”

别无他法，只能等明天去商店换一块电话手表了。第二天，哥哥早早地起床了，催促爸爸赶紧带他出门。

到了商店，爸爸向店家说明了来意。可不管爸爸怎么和店家协商沟通，店家都否认自己的产品质量有问题，坚决不给哥哥换一块新的。

哥哥低垂着脑袋，满脸沮丧。

爸爸深吸一口气，对哥哥说："儿子，男子汉大丈夫，不能一遇到事情就垂头丧气，我们要想办法解决问题。现在，我们去找消费者协会来帮助我们协商解决。"

"什么是消费者协会？它为什么能帮助我们解决问题？"哥哥迷茫地问。

"简单地说，消费者协会就是保护消费者合法权益的组织，中国消费者协会是由国务院批准成立的，各地也有自己的消费者协会。消费者协会会引导广大的消费者科学消费、合理消费，并对市场上的商品服务等进行监督。因此，它可以帮助我们维护我们的正当权益。"

"爸爸，那咱们赶紧去找消费者协会。我想要我的电话手表！"哥哥急切地对爸爸说。

最终，在消费者协会的帮助下，在证据面前，店家终于承认了自己商品的质量问题，并对店里所有商品进行了检查，确保不会再卖不符

合质量标准的商品。当然，也给哥哥更换了一块符合质量标准的电话手表。

看到问题得到解决，以后也不会再有消费者上当受骗，哥哥开心地笑了。

爸爸有话说

你是否有过像哥哥这样的经历？当我们的正当权益受到侵犯时，一定要通过合法合规的途径来维护自己的权益，这样才能保证市场健康有序运行，维护整个社会的稳定。

消费者维护正当权益的途径

在日常生活中，很多消费者都遇到过消费权益被侵犯的情况，如买到了过期食品、假冒伪劣商品、山寨品牌商品等。如果发生了这种情况，那么可以通过以下途径来维护自己的正当权益。

1. 与经营者协商和解：将自己所买商品拿给经营者看，在确认商品有问题后，双方协商，经营者给予消费者一定补偿。

2. 请求消费者协会调解：如果消费者与经营者不能达成和解，那么可以向消费者协会寻求帮助。

3. 向有关部门申诉：如果消费者协会也无法帮忙解决问题，那么可以向有关部门申诉，向其反映问题并请求维权。

4. 请仲裁机构仲裁：如果实在无法与经营者达成协议，那么消费者可提供相关证据，通过仲裁机构进行仲裁维权。

5. 向人民法院提起诉讼：消费者还可以向人民法院提起诉讼，请人民法院按照法定程序对经营者进行审判，维护自身正当消费权益。

¥购买质量过关的商品¥

妹妹这几天一直缠着妈妈说，她在学校附近的小商店看中了一个娃娃，很想买。尽管妹妹已经有很多娃娃了，妈妈也和妹妹沟通过许多次，但仍然抵不过妹妹的死缠烂打，于是决定陪妹妹去看看。

一进门，妹妹就指着放在门口很显眼位置的娃娃和妈妈说："妈妈，它在那儿呢！是不是很好看？它还会唱歌呢！"

妈妈拿过娃娃，仔细看了看，发现它的做工、用料都不是很好，甚至可以说有些劣质。妈妈又前后左右仔细地翻看了包装盒，然后拉着妹妹走出了商店。

"妈妈，你怎么不给我买娃娃啊？"

“这个娃娃的质量不是很好，我们不能买它。”

“为什么啊？你看它多好看啊！有亮闪闪的皇冠，还有镶着宝石的仙女棒！”

妈妈耐心地说：“我们在买东西时，一定要注意质量是否过关。比如，买娃娃，要看娃娃的做工以及用料、生产厂家的信息；买文具，要看是否结实耐用、是否有异味等；买食品，要看包装上有没有食品生产许可标志、生产日期和保质期、食品添加剂有哪些等。”

妹妹想了想，觉得妈妈说的话很有道理。

爸爸有话说

在日常的购买行为中，我们不能只看商品的外部包装，更要根据商品的形态、材质、保质日期等确认商品本身的质量如何。这样，我们才能买到质量过关的商品。

如何避免购买“三无”产品

1. 到正规商场或超市购物，不要随便在小店或街边小摊上买东西。

2. 认真检查商品包装是否完整，有无破损。

3. 查看商品的生产日期，看其是否在保质期内。

4. 查看商品的生产许可认证标志，确认商家是否合法合规生产。

5. 查看商品是否有质量检验合格证书，包括产品名称、生产厂家名称和地址等信息，这些缺一不可。

6. 购买商品后，请向商家索要发票，并妥善保管发票。

爸爸写给兄妹俩的一封信

亲爱的儿子、女儿：

我已经给你们讲过了不少关于钱的知识，我不知道你们具体掌握了多少、明白了多少道理。不过，我最希望你们明白的一点是，我们的生活与钱密不可分，而钱也是人类灿烂文明的体现。因此，了解钱的来源、掌握钱的用处、学习正确赚钱的方式、培养正确的金钱观和消费观，是每个人的必修课。可以说，只有对钱、对财富有了正确的看法和做法，才能拥有幸福的一生。这不是爸爸夸大其词，而是基于事实得出的结论。

从古至今，不乏因为没有正确的金钱观、财富观而误入歧途的人。他们本该拥有美好的人生、幸福的家庭，可就因为一时的邪念而让自己的一生走到了尽头，留给亲人、朋友、社会无尽的悔恨与遗憾，也让很多无辜的人受到了伤害。例如，人贩子为赚取钱财而拐卖孩子，导致骨肉分离；贩毒者为赚取高额利润而贩卖毒品，害得原本幸福的家庭支离破碎；偷盗者为快速赚钱而盗取别人可能是要用来救命的钱财，耽误了治疗，使其早早离世……这些例子都说明，如果没有正确的金钱观、财富观，那么不仅会给别人带来深深的伤害，还会造成社会的不稳定，从而影响社会和谐。更重要的是，他们这么做也毁掉了自己的一生，人生的意义何在？所以，孩子们，这也是我平常给你们讲各种关于钱的知识、教导你们树立正确财富观的原因。这样，你们就会明白，人生的财富需要如何去合理获取，从而让自己获得更为幸福的人生！

此外，爸爸也想要告诉你们，什么是正确的财富观。一是获取财富的手段要合规合法，对于不义之财千万不能动心。中国有句古话叫“君子爱财，取之有道”，意思是说有才德的人，虽爱钱财，但他们会用合乎道德、法律的方法去获取，而不会敛下不义之财。这是最基本的，也是你们首先要掌握的财富观，希望你们能把这句话牢记于心，用自己的辛勤劳动去获取财富。二是不要成为金钱的奴隶。要知道，钱只是我们满足某种需求的工具。在我们的生活中，有很多东西，比如亲情、爱情等这些人类最真挚、最纯真的情感，是用再多的钱也无法换来的。“人心难满，欲壑难填”，无尽的欲望只会让我们沦为金钱的奴隶。三是正确运用手中的财富。每个人都是社会中的人，任何一个人都不能脱离社会而存在。在我们拥有了一定的财富后，也要用它为社会谋利、为人类造福。

最后，希望你们能正确地看待和使用金钱，力所能及地用你们赚取的财富去帮助他人，回馈社会，并成长为对社会有用的人！在这个过程中，爸爸也会一直陪伴着你们！

愿你们天天开心，快乐成长！

爱你们的爸爸

2022 年 6 月

后 记

从最初用兽皮、牲畜进行的物物交换，到后来用银圆、黄金、交子等进行的货币交换，人类在不断的发展进程中逐渐将物品交换的载体稳定为纸币。如今，电子支付的出现更是为消费提供了便利。

货币看似简单，却在我们的生产生活中扮演着重要角色：一方面，货币是我们能够进行交易往来的载体和媒介；另一方面，货币与每个人息息相关——人从一生下来便有了消费，这就意味着每个人都会直接或间接地使用货币。

孩子是祖国的未来，也是民族的希望。唯有教育好关乎国家未来发展的孩子，才能让我们的国家繁荣昌盛，才能让我们的民族屹立于世界民族之林。因此，我们应从小培养孩子对金钱、对财富的认知，让孩子树立正确的金钱观、财富观，这对孩子的健康成长尤为重要。

基于此，我们萌发了写作一本适合 6 ~ 12 岁孩子阅读的财商书籍的念头。为什么要选择这个年龄段呢？原因有三。

一是这一阶段恰好是孩子人生观、价值观和世界观的形成期，此时给孩子灌输正确的财富观念，有助于他们走上正确的财富之路。

二是这一阶段正是孩子学习能力快速、持续增强的学习旺盛期，并且在这一阶段的孩子也会对外界抱有强烈的探索心、好奇心。此时，让孩子学习财商知识，不仅有助于他们日后理解较为深奥的财商知识，还可以让他们更积极主动地探索理财技巧，为他们的健康成长打好基础。

三是我们一直坚持以传递价值投资理念、传播财富知识为方向，持续输出金融、投资、股票、外汇等领域的知识内容，希望为我国孩子的财商教育贡献一分力量——这也是我们写作本书的初心。

在本书的写作中，我们从一家人的视角入手，希望通过这家人的故事向孩子传递正确的理财观、金钱观、财富观，让他们从中受益。

当本书结稿时，我们的内心既喜悦又沉重：喜悦的是书稿完成，我们即将为我国的财商教育贡献一分力量；沉重的是我国的财商教育才刚刚开始，任重而道远。

我们诚挚地希望，我国的财商教育能像芝麻开花一样节节高。我们也相信，我国的财商教育能跨越腾飞。而我们的孩子，将是我国财商教育腾飞的见证者和参与者。

最后，我们在写作本书时力争做到尽善尽美、知识丰富而全面，但由于水平有限，书中仍有诸多不足之处，希望读者能够指正。

北京阅想时代文化发展有限责任公司为中国人民大学出版社有限公司下属的商业新知事业部，致力于经管类优秀出版物（外版书为主）的策划及出版，主要涉及经济管理、金融、投资理财、心理学、成功励志、生活等出版领域，下设“阅想·商业”“阅想·财富”“阅想·新知”“阅想·心理”“阅想·生活”以及“阅想·人文”等多条产品线，致力于为国内商业人士提供涵盖先进、前沿的管理理念和思想的专业类图书和趋势类图书，同时也为满足商业人士的内心诉求，打造一系列提倡心理和生活健康的心理学图书和生活管理类图书。

《陪着孩子走向世界：中国父母的五项修炼》

- 毛大庆作序，杨澜、俞敏洪、雷文涛等诚挚推荐。
- 堪比家庭教育界的《第五项修炼》。
- 随书赠送“问校友家长学院”精品线上课程。
- 左手规划右手爱。缓解父母焦虑，助力孩子走向世界！
- 作者的系统思考+15位哈佛、耶鲁等名校学子及父母分享心路历程！

《自信快乐的小孩：别让焦虑和孩子一起长大》

- 12周，手把手地教你帮助孩子克服恐惧、担忧、不自信心理，将焦虑降低到可控水平。
- 让父母放轻松，孩子重拾信心与快乐！
- 医学博士、北京慧心源情商学院创始人韩海英和幼儿发展研究专家、《孩子的一生早注定》作者奶舅吴斌作序推荐。
- 随书赠送《儿童训练手册》电子版。